化学マスター講座

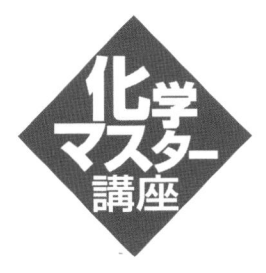

有機金属化学

大嶌幸一郎　大塚 浩二　川﨑 昌博　木村 俊作
田中 一義　田中 勝久　中條 善樹　編

植村 榮　大嶌幸一郎　村上 正浩　著

丸善出版

化学マスター講座
発刊にあたって

　本講座は，化学系を中心に広く理科系（理・工・農・薬）の大学・高専の学生を対象とした基礎的な教科書・参考書として編みました．"基礎"と"応用"の二部構成となっています．"基礎"は一般化学，物理化学，有機化学，無機化学，無機材料化学，分析化学，生体物質関連化学，高分子化学——合成，高分子化学——物性の9巻から構成されています．1〜3年次で学んでいただければと考えています．一般化学は理工系他学科の学生を対象に化学への入門書として工業化学概論ともいうべき内容についてまとめました．化学の重要性・面白さを伝えるとともに，社会において化学が必要な学問であることを知ってもらいたいという意図です．これ以外の6教科の教科書については読みごたえのある本格的な内容とし，講義が終わってからも何度も読み返したくなるような教科書をめざしました．

　一方，"応用"は，分子のための量子化学・計算化学，化学で使う化学数学，電気化学，触媒化学，有機金属化学，環境化学，安全化学，化学倫理，有機金属化学，バイオテクノロジー，ナノテクノロジーの8巻から構成されています．こちらは半年の講義に対応する内容で3〜4年次で学ぶことを想定しています．

　各巻の記述にあたっては，対象読者にとってできるだけ平易な内容とし，懇切でしかも緻密さを失わないよう配慮しました．しっかりと基礎が身につき，卒業した後にも手許において役立つ教科書になるよう心掛けました．そして学生諸君が苦手とし，つまづきやすいところでは例題をあげて理解を助けるようにしました．また各章のはじめに，その章で

学ぶことをまとめました．さらに"基礎"編では章末に，練習問題を載せ巻末に解答をつけました．

　おもな読者対象としては学部学生を想定していますが，企業で化学にかかわる仕事に取り組むようになった研究者・技術者にとっても役立つものと考えています．このシリーズが多くの読者にとって化学の指南書になることを願っています．

　　2009 年　錦秋

編者を代表して
大　嶌　幸一郎

はじめに

　有機金属化学の歴史は，1849 年の E. Frankland による有機亜鉛化合物(エチル亜鉛)の合成にはじまる．しかしながら，有機化学ならびに有機合成の分野において特筆すべきは 1900 年の V. Grignard による有機マグネシウム化合物の合成であり，これが有機金属化学の真の出発点といえるだろう．その後四半世紀ごとに大きな発見がなされた．1925 年頃に有機リチウム化合物が合成され，次に 1950 年代には二つのエポックとなる発見があった．Ziegler–Natta 触媒によるエチレンならびにプロピレンの重合法の発見とサンドイッチ型化合物であるフェロセンの合成とその構造の解明である．前者の重合触媒は二つの化合物の組合せであるが，そのうちの一つが有機アルミニウム化合物である．また後者は Fe だけでなく Ti, Zr, Co, Ni など多くの遷移金属メタロセン化合物研究の発端となった．さらに H. C. Brown によるヒドロホウ素化の発見も 1950 年代半ばであり，まさに，この時期に有機金属化学は爆発的な発展をとげた．そして 1975 年以降にはパラジウムをはじめとする後周期遷移金属を中心として周期表のありとあらゆる金属についての研究がなされるようになった．

　1969 年に 4 回生として京都大学工学部工業化学科・野崎一先生の研究室に入り，有機化学の門をたたいた．博士課程修了後 1975 年から 2 年半，当時 MIT の教授であった K. B. Sharpless 先生のもとで多くの遷移金属触媒を用いた研究を行った．1977 年秋に野崎研にもどって助手となり，研究者としての人生をスタートした．そして，この 30 年間有機金属化学の発展とともに研究を続けてこられたことは非常に幸せであった．

　日本化学会の年次大会において全発表件数のなかで "錯体化学・有機

金属化学"と"有機化学—反応と合成（有機金属化合物）"という二つの部門の合計発表件数は，1993年の580件から15年後の2008年には2倍近くの1030件まで増えた．さらにこの1030件という数字が有機化学関連の発表件数2800件のうちの約37%を占めているという事実は，まさに有機金属化学が有機化学の中心的役割を演じていることを示している．今後有機金属化学がどのような方向に進んでいくかを予測することは難しいが，現在もさまざまな金属が，それぞれの金属に特有でしかも従来にない反応を起こすことが次々と報告されている．さらに，他分野との融合も視野に入れると有機金属化学はますますその重要性を増すものと考えられる．

　なお，本書は有機合成の立場から有機金属化学をとらえた構成とした．最終的には有機金属化学という学問分野がものづくりにどう役立っているかという観点が重要だと考えたからである．有機合成によって人間の生活に役立つ物質が数多くつくられてきた．しかしながら，自然科学諸分野の発展とともに合成が要求される化合物は飛躍的に増加している．しかもそれらの構造はますます複雑なものとなっている．目標とする化合物の合成戦略は炭素骨格の構築と官能基変換という縦糸と横糸の関係にある2本の柱からなっている．こういうことを踏まえたうえで1〜8章を構成した．

　1章で有機金属化学の歴史を概観し，2章で有機金属化学の基礎用語を説明した．さらに3章で有機金属化合物の合成法を述べた．そのうえで4〜6章で目標化合物の合成戦略の一つである炭素−炭素結合生成反応をとりあげ，7章ではもう一つの合成戦略である酸化・還元という官能基変換反応について述べた．最後に，8章ではまとめとして典型金属化合物と遷移金属化合物の違いを述べるとともに，有機金属化学が工業的にどのように役立っているかについて実例をあげた．1章にも書いたように有機金属化学を難しいと思わずにワイン片手に楽しんで読んでいただければ幸いである．

なお，本書で使用する用語は『標準化学用語辞典』（日本化学会編）に準拠したが，Grignard reagent は例外とした．『標準化学用語辞典』では"グリニャール試薬"となっているが，ここでは"グリニャール反応剤"という用語を使用した．工業的に大量に用いられており，もはや"ためし薬"ではないとの判断からである．同様に Jones reagent についても"ジョーンズ反応剤"で統一した．

最後に本書の出版にあたり企画編集において大変お世話になった丸善株式会社出版事業部の糠塚さやかさんに深く感謝致します．

2009 年　錦秋

著者を代表して

大　嶌　幸一郎

編集委員一覧

編集委員長

　　大　嶌　幸一郎　　京都大学大学院工学研究科材料化学専攻

編集委員

　　大　塚　浩　二　　京都大学大学院工学研究科材料化学専攻
　　川　﨑　昌　博　　京都大学大学院工学研究科分子工学専攻
　　木　村　俊　作　　京都大学大学院工学研究科材料化学専攻
　　田　中　一　義　　京都大学大学院工学研究科分子工学専攻
　　田　中　勝　久　　京都大学大学院工学研究科材料化学専攻
　　中　條　善　樹　　京都大学大学院工学研究科高分子化学専攻

（五十音順，2009 年 10 月現在）

執 筆 者 一 覧

植 村　　　榮　　岡山理科大学工学部情報工学科
大 嶌　幸一郎　　京都大学大学院工学研究科材料化学専攻
村 上　正 浩　　京都大学大学院工学研究科合成・生物化学専攻

(五十音順, 2009 年 10 月現在)

略 語 表

Ac	アセチル (acetyl)
acac	アセチルアセトナート (acetylacetonate)
AIBN	アゾビスイソブチロニトリル (azobisisobutyronitrile)
9–BBN	9-ボラビシクロ[3.3.1]ノナン (9-borabicyclo[3.3.1]nonane)
Bu	ブチル (butyl)
Cp	シクロペンタジエニル (cyclopentadienyl)
mCPBA	m-クロロ過安息香酸 (m-chloroperbenzoic acid)
DAIB	(2S)-3-exo-(ジメチルアミノ)イソボルネオール [(2S)-3-exo-(dimethylamino)isoborneol]
DOP	フタル酸ジオクチル (dioctyl phthalate)
EAN	有効原子番号則 (effective atomic number rule)
ee	エナンチオマー過剰率 (enantiomeric excess)
Et	エチル (ethyl)
HMPA	ヘキサメチルリン酸トリアミド (hexamethylphosphoramide)
L	配位子 (ligand)
LDA	リチウムジイソプロピルアミド (lithium diisopropylamide)
M	金属元素 (metal)
MAO	メチルアルミノキサン (methylaluminoxane)
Me	メチル (methyl)
PCC	ピリジニウムクロロクロマート (pyridinium chlorochromate)
PDC	ピリジニウムジクロマート (pyridinium dichromate)
Ph	フェニル (phenyl)

PPh₃	トリフェニルホスフィン	(triphenylphosphine)
pm	ピコメートル	(pico meter)
Pr	プロピル	(propyl)
S_N1	一分子求核置換	(unimolecular nucleophilic substitution)
S_N2	二分子求核置換	(bimolecular nucleophilic substitution)
TBS	*t*-ブチルジメチルシリル	(*t*-butyldimethylsilyl)
Tf	トリフリル(トリフルオロメタンスルホニル)	(triflyl)
THF	テトラヒドロフラン	(tetrahydrofuran)
TMEDA	テトラメチルエチレンジアミン	(tetramethylethylenediamine)
TMSOTf	トリメチルシリルトリフラート	(trimethylsilyl trifluoromethanesulfonate)

目　　次

1　有機金属化学の歴史 …………………………………… 1

1・1　はじめに　*1*
1・2　有機金属化合物の誕生—ツァイゼ塩　*4*
1・3　アルキル金属化合物の出現　*5*
　1・3・1　エチル亜鉛化合物　*5*
　1・3・2　グリニャール反応剤　*5*
　1・3・3　テトラエチル鉛(四エチル鉛)　*7*
1・4　サンドイッチ形化合物の登場　*9*
　1・4・1　フェロセン　*9*
　1・4・2　ビス(ベンゼン)クロム　*10*
1・5　工業触媒としての有機金属化合物　*12*
　1・5・1　チーグラー触媒　*12*
　1・5・2　カミンスキー触媒　*14*
　1・5・3　ワッカー触媒とその周辺　*14*
1・6　遷移金属錯体　*17*
　1・6・1　ヴァスカ錯体　*17*
　1・6・2　ウィルキンソン錯体　*18*
1・7　金属カルベン錯体　*19*
1・8　おわりに　*21*

2　有機金属化学の基礎 …………………………………… 25

2・1　有機金属化合物とは　*25*
2・2　金属化合物の構造　*26*
2・3　有機金属化学の基礎用語　*29*

2・3・1　18電子則　*29*
2・3・2　酸化的付加と還元的脱離　*31*
2・3・3　挿入と逆挿入　*33*
2・3・4　ヒドロメタル化とカルボメタル化反応　*35*
2・3・5　金属交換反応(トランスメタル化)　*36*
2・3・6　αおよびβ脱離　*37*
2・3・7　配位子交換(配位子の解離と会合)　*39*
2・3・8　カルベン錯体　*40*
2・3・9　アルケンのメタセシス　*41*

2・4　有機金属化学と不斉合成　*42*

3　有機金属化合物の合成法と性質　……………… *45*

3・1　有機金属化合物の合成法　*45*
3・1・1　典型金属-炭素結合の生成法　*45*
3・1・2　遷移金属錯体の合成法　*46*

3・2　典型金属化合物の合成法と性質　*51*
3・2・1　有機リチウム化合物　*51*
3・2・2　有機マグネシウム化合物(グリニャール反応剤)　*55*
3・2・3　有機亜鉛化合物　*59*
3・2・4　有機ホウ素化合物　*62*
3・2・5　有機アルミニウム化合物　*65*
3・2・6　有機ケイ素，有機スズ化合物　*67*
3・2・7　有機銅化合物　*72*
3・2・8　有機水銀化合物　*73*
3・2・9　有機チタン化合物　*75*
3・2・10　有機ジルコニウム化合物　*77*

3・3　遷移金属化合物の合成法と性質　*77*
3・3・1　有機ニッケル錯体　*78*
3・3・2　有機パラジウム錯体　*80*
3・3・3　有機白金錯体　*82*
3・3・4　カルベン錯体　*84*

4 カルボニル化合物に対する反応 …… 87

- 4・1 有機リチウム化合物ならびにグリニャール反応剤と
  カルボニル化合物の反応　*88*
  - 4・1・1 カルボニル化合物に対する有機リチウム化合物ならびに
    グリニャール反応剤の付加　*88*
  - 4・1・2 アシルアニオン等価体とカルボニル化合物の反応　*92*
  - 4・1・3 リチウムエノラートによるアルドール反応　*93*
- 4・2 有機亜鉛化合物とカルボニル化合物の反応　*94*
- 4・3 有機ホウ素化合物とカルボニル化合物の反応　*98*
  - 4・3・1 アリルホウ素のカルボニル化合物への付加　*98*
  - 4・3・2 ホウ素エノラートのアルドール反応　*100*
- 4・4 有機アルミニウム化合物とカルボニル化合物の反応　*100*
- 4・5 有機ケイ素化合物とカルボニル化合物の反応　*102*
  - 4・5・1 ビニルシランとカルボニル化合物の反応　*103*
  - 4・5・2 アリルシランとカルボニル化合物の反応　*103*
  - 4・5・3 シリルエノールエーテルとカルボニル化合物の反応　*105*
- 4・6 有機スズ化合物とカルボニル化合物の反応　*106*
- 4・7 有機銅化合物とカルボニル化合物の反応　*107*
- 4・8 有機チタン化合物とカルボニル化合物の反応　*109*
  - 4・8・1 アルキル錯体とカルボニル化合物の反応　*109*
  - 4・8・2 アルキリデン錯体(テッベ錯体)とカルボニル化合物の反応
    111
  - 4・8・3 チタンのホモエノラートの反応　*112*
- 4・9 有機水銀化合物とカルボニル化合物の反応　*113*
- 4・10 アリルクロムならびにビニルクロム反応剤とカルボニル化合物の
  反応　*114*

5 炭素-炭素二重結合, 炭素-炭素三重結合への付加反応 … 117

- 5・1 有機リチウム化合物の付加反応　*117*

- 5・2　グリニャール反応剤の付加反応　*120*
- 5・3　有機銅化合物の付加反応　*121*
- 5・4　有機亜鉛化合物の付加反応　*123*
- 5・5　有機アルミニウム化合物の付加反応　*125*
- 5・6　有機ホウ素化合物の付加反応　*126*
- 5・7　有機ケイ素化合物の付加反応　*128*
- 5・8　有機スズ化合物の付加反応　*128*
- 5・9　有機チタン，有機ジルコニウム化合物の付加反応　*129*
- 5・10　有機パラジウム化合物の付加反応　*130*
- 5・11　有機ロジウム化合物の付加反応　*133*

⑥ ハロゲン化アルキルとの反応 ……… 135

- 6・1　有機リチウム化合物とアルキル化剤との反応　*136*
- 6・2　有機ナトリウム化合物とアルキル化剤との反応　*137*
- 6・3　グリニャール反応剤とアルキル化剤との反応　*138*
- 6・4　有機チタン化合物とアルキル化剤との反応　*138*
- 6・5　有機銅化合物とアルキル化剤との反応　*139*
- 6・6　有機ホウ素化合物とアルキル化剤との反応　*141*
- 6・7　有機アルミニウム化合物とアルキル化剤との反応　*141*
- 6・8　エポキシドを用いる有機金属化合物のアルキル化反応　*142*
- 6・9　クロスカップリング反応　*145*
    - 6・9・1　グリニャール反応剤とのクロスカップリング反応：玉尾-熊田-コリュー(Corriu)反応　*146*
    - 6・9・2　有機スズ化合物とのクロスカップリング反応：右田-小杉-スティレ(Stille)反応　*146*
    - 6・9・3　有機ホウ素化合物とのクロスカップリング反応：鈴木-宮浦反応　*147*
    - 6・9・4　有機亜鉛化合物とのカップリング反応：根岸反応　*148*
    - 6・9・5　有機ケイ素化合物とのカップリング反応：檜山反応　*148*
    - 6・9・6　その他のクロスカップリング反応　*148*
    - 6・9・7　薗頭反応　*148*

6・10　エノラートのアルキル化反応　*149*
　　6・11　金属エナミドのアルキル化反応　*153*

7　酸化と還元 ································· *155*
　7・1　酸 化 反 応　*156*
　　　7・1・1　有機化合物の酸化段階と金属の価数　*157*
　　　7・1・2　アルケンの酸化　*158*
　　　7・1・3　アルコールの酸化　*165*
　7・2　還 元 反 応　*168*
　　　7・2・1　炭素-炭素不飽和結合の還元　*168*
　　　7・2・2　カルボニル化合物の還元　*176*

8　量論反応と触媒反応 ·························· *179*
　8・1　典型金属化合物と遷移金属化合物の違い　*179*
　　　8・1・1　典型金属化合物と遷移金属化合物の安定性の違い　*179*
　　　8・1・2　典型金属化合物と遷移金属化合物の反応性の違い　*181*
　8・2　両論反応から触媒反応へ　*183*
　　　8・2・1　触媒的炭素-炭素結合生成反応　*185*
　　　8・2・2　触媒的酸化還元反応　*194*
　　　8・2・3　遷移金属錯体触媒を用いる重要な工業プロセス　*197*

索　　引 ······································· *203*

有機金属化学の歴史 1

> 現在，化学工業に広く深くかかわっている有機金属化学．有機化学と無機化学の境界領域であるこの学問分野がいかに発展してきたかを，それぞれの時期における画期的な発見を中心に，いろいろな挿話を楽しみながら，その歴史を学ぶ．

1・1 はじめに

　科学の分野の一つである"化学"は，古くからエジプトや中国で発達した錬金術をその礎の一つとしていると考えてよい．"ケミストリー"と英語で発音される単語の最初のケミ(Chem)という語が中国の金属の王者，金(キム，キン)の発音からきているのではないかとの説も出されているくらいである[1]．ちなみに，日本に江戸末期にもたらされたこの学問は，フランス語由来のオランダ語 Chemie の発音であるセイミに漢字をあてた"舎密"とよばれた．たとえば，宇田川榕菴著"舎密開宗(現在の言葉では"化学入門"にあたる)"や大阪の舎密局などにその名を残しているが，明治に入ってまもなく，中国での造語である"化学"という言葉に公式にはとってかわられていく[2]．ところで，近代になるにつれ，この学問分野もだんだん洗練されてきてその分化も進み，無機化学，分析化学，有機化学，物理化学などに分類されるようになった．現代では，さらに細分化されていっている一方，新機能をもった材料の合成という観点から，それぞれの分野の領域をこえた融合，再結合が起こりつつあるというのが化学という学問の一端でもある．

　さて，このような融合という流れの先取りをしていた化学分野の一つが，本書で取り上げる有機金属化学であり，有機化学と無機化学との境界領域の学問分野である．では，有機金属化学とは何なのか．有り体にいえば有機金属化合物が何

らかの形で関与した化学である．では"有機金属化合物とは何なのか"と問われるとその定義は難しく，専門家でも各人それぞれの受け止め方をしているのが現状であるが，一般的には金属が，C, H, O, N などからなる有機化合物中の炭素(C)と化学結合をもった化合物とされている．すなわち，有機合成化学でよく用いられる H, O, N などとの結合をもった金属ヒドリド，金属アルコキシド，金属エノラート，金属アミドなどはこの範ちゅうに含まれない．一方，金属元素とはどこまでを含むのかという点もその定義付けは難しい．表1・1の漢字で書かれた中国の元素周期表を見ていただきたい．氫(H)から鐒(Lr)まで103個の元素のうち，固体はすべてカネヘン(钅偏)(80個)とイシヘン(石偏)(10個)で表されており，気体はキガマエ(气)で表されている(11個)．ちなみに，液体は汞(Hg)と溴(Br)の二つだけである．この周期表によると固体のなかでもカネヘンで表される元素だけが金属ということになる．つまり，硼(B), 碳(C), 硅(Si), 磷(P), 砷(As), 硫(S), 硒(Se), 碲(Te), 碘(I), 砹(At)は金属ではなく石属なのである．周期表のなかにうまく石段ができているのに気付かれることと思う．表意文字である漢字のすばらしさ，文化度の高さが感じられる．ついでながら，現代中国では簡略文字(簡体字)を多く用いているが，台湾ではカネヘンは钅ではなく日本で

表 1・1　中国の元素周期表

1族																	18
1 氫	2											13	14	15	16	17	2 氦
3 锂	4 铍											5 硼	6 碳	7 氮	8 氧	9 氟	10 氖
11 钠	12 镁	3	4	5	6	7	8	9	10	11	12	13 铝	14 硅	15 磷	16 硫	17 氯	18 氩
19 钾	20 钙	21 钪	22 钛	23 钒	24 铬	25 锰	26 铁	27 钴	28 镍	29 铜	30 锌	31 镓	32 锗	33 砷	34 硒	35 溴	36 氪
37 铷	38 锶	39 钇	40 锆	41 铌	42 钼	43 锝	44 钌	45 铑	46 钯	47 银	48 镉	49 铟	50 锡	51 锑	52 碲	53 碘	54 氙
55 铯	56 钡	57 镧★	72 铪	73 钽	74 钨	75 铼	76 锇	77 铱	78 铂	79 金	80 汞	81 铊	82 铅	83 铋	84 钋	85 砹	86 氡
87 钫	88 镭	89 锕▲	104 a Unq	105 a Unp	106 a Unh	107 a Uns											

★ランタノイド系			58 铈	59 镨	60 钕	61 钷	62 钐	63 铕	64 钆	65 铽	66 镝	67 钬	68 铒	69 铥	70 镱	71 镥
▲アクチノイド系			90 钍	91 镤	92 铀	93 镎	94 钚	95 镅	96 锔	97 锫	98 锎	99 锿	100 镄	101 钔	102 锘	103 铹

現在用いられているものと同じ金であり，また，103番元素のLrは古い文字で鐒と表記されている．

　もっとも，元素を金属と非金属に区別するのに決定的な要因あるいはそのための尺度はないというのが現状である．強いていえば，Pauling[3]やそのほかの人たちの提案による電気陰性度がほぼ2.0より小さい元素，つまり電気的に陽性になりやすい元素が一般的に金属の範ちゅうに属している．従来の慣例では，たとえば有機ホウ素化合物（C—B結合をもつもの）や有機ケイ素化合物（C—Si結合をもつもの）は有機金属化合物の仲間に入れて取り扱われ，議論されることが多い．さらに，現在世界で刊行されている有機金属に関する代表的論文誌である*Organometallics*（American Chemical Society発行）と*J. Organomet. Chem.*（Elsevier社発行）では，CとB，Si，Se，Te，Iなど（これらは半金属metalloidとよばれることもある）の結合を有する化合物も有機金属化合物の範ちゅうに入れている．また，"化学は関西から"ともいわれているが[4]，有機金属化学分野においてもその例外でなく，事実，現在わが国で開催されている有機金属化学討論会は大阪にある近畿化学協会有機金属部会がその主催団体である．この部会は1950年に発足した有機ケイ素化学部会が母体となっており，有機金属化学という言葉がわが国で一般的になりだした1958年に現在の名称に変更したものである．ちなみに"有機金属化学国際会議（ICOMC）"が初めて開催されたのは1963年米国のシンシナティであり，参加者はわずか80人ほどであった．その後，2年ごとに世界各地で開かれ，2008年フランスのレンヌではその第23回目が行われ，約1300人の参加をみている．一方，1981年以来，有機合成化学に重点をおいた"有機合成指向有機金属化学国際会議（OMCOS）"も2年ごとに開かれている．

　さて，これからその歴史をそれぞれの一時代を画した発見を中心にひもといてみたいが，現在の有機化学の主要な部分において，量論反応でも触媒反応でもそれらのほとんどに有機金属化学が関与しているといっても過言ではないことがおわかりになっていただけることと思う．この化学が，多くの汎用性ある化学工業製品あるいは有用な医薬品などの合成・製造にいかに深く関わっているかを理解したうえで，その醍醐味を知ってもらうのが本書の目的である．ところで，醍醐とは古代日本でのチーズの一種である酥のことである．健康によいとかいうポリフェノール入りの赤ワインを片手に，酥を肴にして本書を読むのもまた乙なもの

であろう．

では，その歴史のエポックとなった発見を中心にひもといてみよう．

1・2 有機金属化合物の誕生—ツァイゼ塩

有機金属化学の分野で世界最初の栄誉をになっているのは，デンマークの薬剤師であったW. C. Zeiseである．彼は1827年に塩化白金の塩化カリウム塩($KPtCl_4$)とエタノールとの反応から，現在いわゆるツァイゼ(Zeise)塩とよばれている化合物$[KPtCl_3(C_2H_4)] \cdot H_2O$を単離した[5,6]．この化合物の構造は，それから約140年も経った1969年にX線結晶構造解析によって初めて明らかとなった[7]．それによると図1・1に示すように，エチレン分子が白金との間にπ結合をもった化合物(π錯体とよばれる)であり，エチレンのC=C二重結合の長さは1.37 Åである．この結合長は，通常の有機化合物のC—C単結合間の1.54 ÅとC=C二重結合間の1.34 Åとの間にあり，単結合性が少しあることがわかる．このπ結合についての最初の理論的考察は1951年にM. J. S. Dewarによってなされた[8]．彼はAg^+-アルケンπ錯体についての考察を行い，遷移元素であるAgの空のd軌道へのアルケンの結合性π軌道からの電子供与(donation)と，Agの充塡d軌道からのアルケンの反結合性π^*軌道への電子の逆供与(back donation)の両者により，このπ結合が生成していると説明した(図1・2)．続いて1953年にJ. ChattとL. A. Duncansonにより，Pt-エチレン錯体について実験事実とともに，同様の説明がなされ[9]，π結合の説明はデュワー-チャット-ダンカンソン(Dewar-

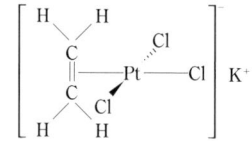

図1・1 ツァイゼ塩の構造

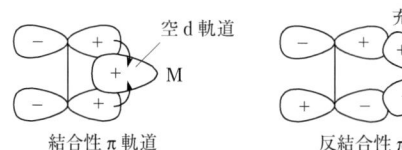

図1・2 金属-アルケンπ錯体の理論的考察

Chatt–Duncanson)モデルとよばれるようになった[10]. しかし,Dewar はこのように三人の名前でよばれることに大いに不服で,最初に提案したのは自分だけであり後の二人のものはその焼き直しにすぎず,デュワーモデルとよばれるべきものであると強く主張している[11]. 科学の世界における先陣争いの一端を物語る話であるが,この Dewar の主張もむなしく,デュワー–チャットモデルとよばれているのが現状のようである[12].

1・3 アルキル金属化合物の出現

1・3・1 エチル亜鉛化合物

次にあげられるのは,1849 年の英国人 E. Frankland によるエチル亜鉛化合物の合成である[13]. 彼はヨウ化エチルと金属亜鉛との反応でエチルラジカルの存在を証明しようと試みたが,実際にはブタンなどを生成物として得た. この反応は式(1・1)に示すように進むものであり,彼はその後,非常に反応性の高いジエチル亜鉛の単離にも成功し,炭素–金属間に σ 結合をもつ有機金属化合物の最初の合成者という栄誉を担うことになった[14]. ここで炭素–亜鉛結合は,炭素の sp^3 軌道と亜鉛($3d^{10}4s^2$)の s 軌道とからなる σ 結合である. このアルキル亜鉛の発見ならびにこの手法は,次に述べるグリニャール(Grignard)反応の出現まで,重要なアルキル化反応剤として用いられることになった. London 大学インペリアル・カレッジ(1845 年創立)の化学科には,彼を記念して冠教授 Sir Edward Frankland Professor のチェアー(教授職)がある.

$$C_2H_5I + Zn \longrightarrow [C_2H_5ZnI] \longrightarrow \tfrac{1}{2}C_2H_5ZnC_2H_5 + \tfrac{1}{2}ZnI_2$$
$$\downarrow -Zn$$
$$C_2H_5\text{—}C_2H_5\,(\text{ブタン})$$

$$(1\cdot1)$$

1・3・2 グリニャール反応剤

その後大きな発展が長らくみられなかったが,1900 年にフランス人 V. Grignard による有機マグネシウム化合物(いわゆるグリニャール反応剤)の大発

見がなされる[15]. すなわち, 金属マグネシウムとハロゲン化アルキルとをジエチルエーテル中で反応させてアルキルマグネシウム化合物を得るというもので, 現在明らかにされている反応は次の2式に示されるものである.

$$R\text{—}X + Mg \longrightarrow R\text{—}Mg\text{—}X \qquad (1\cdot2)$$

$$2\,R\text{—}Mg\text{—}X \rightleftharpoons R_2Mg + MgX_2 \qquad (1\cdot3)$$

濃度の薄い状態では式(1・2)に示すようにR—Mg—Xがジエチルエーテル中で単量体で存在し, それ以外では式(1・3)のシュレンク(Schlenk)平衡とよばれる状態で存在し, ジアルキルマグネシウムも存在する[16,17]. 実際, 臭化エチルマグネシウムはエーテル錯体として1968年に固体として単離され, そのX線構造解析により四面体構造であることが明らかとなった(図1・3)[18]. その後, 芳香族ハロゲン化物やハロゲン化アルケニルからも対応するグリニャール反応剤が合成され, 有機合成反応になくてはならない化合物となった. さらに, この反応剤がどのような状態で存在するのか, シュレンク平衡が溶媒にどのように依存するのか, どのような機構で生成するのか, またどのような反応性を示すのかについては, いろいろな新しい提案, それに基づく論争がなされたりして, 世界の多くの化学者に長年にわたって"飯の種"を提供してくれている.

ところで, この反応の誕生には興味深い逸話が残されている. Grignardの恩師であるフランスのLyon大学のP. A. Barbier教授は, レモンの香りのするアルコール, 2,6-ジメチル-5-ヘプテノールを合成しようとして, 6-メチル-5-ヘプテン-2-オンとヨウ化メチルとを金属亜鉛存在下で反応させた. この方法は, それより以前にロシア人Sayzeffにより報告されていたものであるが, 追試したところ反応が進行しなかった. Barbierは亜鉛の代わりに金属マグネシウムを用い, 溶媒としてジエチルエーテルを用いて, すべてをまぜて反応させたところ予期したヘプテノールが生成した [式(1・4)]. しかし, この反応には十分な再現性がなく, 収率も不十分であったために, 彼自身はこの研究をやめ, 当時若干28歳だったGrignardがこれを引き継ぐことになった. Grignardは, いろいろと研究を進め

図1・3 臭化エチルマグネシウムの構造

るうちに，ケトンの存在しないところでは，まず有機マグネシウム化合物が生成するのではないかと考え，ヨウ化イソブチルと金属マグネシウムとをジエチルエーテル中でまぜたところ，無色透明な液体を得た．これにベンズアルデヒドを加えることにより，予期したアルコールを収率よく，また再現性よく得ることに成功し［式(1・5)］，この透明液体中に i-BuMgI が存在することを提案して1900年に発表した．グリニャール反応の誕生である．その後，ケトンやアルデヒド以外に，エステル，酸塩化物，酸無水物，二酸化炭素，アミドなどとの数多くの反応を発表し，この反応の有用性を確立した．

$$\text{(1・4)}$$

$$\text{(1・5)}$$

この業績により，Grignard は1912年に Sabatier（フランス人，接触水素還元法の発見と確立）とともにノーベル化学賞(1901年から始まっている)を受賞したが，Nancy 大学での祝賀会の席上，Barbier の心情を察して，"ノーベル賞はまず Sabatier とその共同研究者に与えられ，次に Barbier 先生と私とが共同で受賞すべきだった"と述べている[19]．確かに Barbier が金属マグネシウムとジエチルエーテルをまず用いた点を考えると，その功績は実に大きいといわざるを得ず，Grignard のこの言葉は当然であり，よい師弟関係が感じられる．ところで，近年になって，ハロゲン化アルキルと Mg あるいはほかの金属とをケトンの存在下反応させ，加水分解して生成物アルコールを一段階で合成する反応を，バルビエール(Barbier)反応あるいはバルビエール型反応とよぶようになっていることは[20]，自然なことであろう．

1・3・3 テトラエチル鉛（四エチル鉛）

1922年に，その後もっとも大量(年間何十万 t という量)につくられることに

なる有機金属化合物,テトラエチル鉛(Et_4Pb;沸点約 200 ℃ の液体[21])が,ガソリンのオクタン価を高めるアンチノック剤として効率が非常に高いことが米国のT. Midgeley と T. A. Boyd によって初めて見出された[22]. この化合物は工業的には塩化エチルと鉛–ナトリウム合金とから直接製造される[式(1・6)]. ガソリンのなかにせいぜい 0.1% 添加する程度であるが,エンジンシリンダー中でガソリンが燃える際に細かい PbO(酸化鉛)が生成し,これがシリンダー内で発生するさまざまなラジカルを捕捉することでオクタン価を高めるものと考えられている[22,23]. 従来のいわゆるハイオクガソリンには必ず添加されており,有鉛との表示もなされたりしていたのだが,毒性が非常に強いということで[LD_{50}(ラット経口)12.3 mg / kg][21],米国では 1986 年に使用禁止となり,わが国でも 1990 年代中頃からはほとんど使われなくなった. それに代わって現在では,イソブテンにメタノールを付加させて工業的に製造される t-ブチルメチルエーテル[$(CH_3)_3C—O—CH_3$]やその他の無鉛有機化合物が,その目的に使用されることが多くなっている. しかし,これらの化合物でも環境への悪影響が懸念されているのが現状である.

$$4\,EtCl\ +\ 4\,NaPb\ \longrightarrow\ Et_4Pb\ +\ 3\,Pb\ +\ 4\,NaCl \qquad (1・6)$$

テトラエチル鉛ほど大量に使用されたものではないが,わが国で稲のイモチ病防除剤として長らく水田に散布されていたセレサン(Ceresan)石灰は,フェニル酢酸水銀を 0.16～0.25% 含む消石灰である. この有機水銀化合物は古く 1898 年に O. Dimroth により,水銀塩による芳香族求電子置換反応で合成された[式(1・7)][24]. セレサン石灰はその毒性に対する配慮から,1970 年頃に使用が停止されたが,ピーク時の 1965 年には,年間 12 万 t 使用されていたというから,水銀化合物として年間 180～300 t 散布されていたことになる. この化合物は稲作収量向上に絶大な効果を示し,たとえば高知県にはその記念碑も建立されているくらいである[25]. しかし,メチル水銀塩などが主原因であった水俣病(後述する)患者の最初の症例が公式に報告されたのが 1956 年であったことを考えると,いかにも使用停止が遅かったとも思える. 一方,この農薬を使った水田から収穫された米からなぜ毒性発現がみられなかったのかは不思議な気がするほどであるが,これが事実なのであった[25].

$$\ce{C6H6} + Hg(OAc)_2 \xrightarrow{110\,℃} \ce{C6H5}-HgOAc + AcOH \qquad (1・7)$$

1・4 サンドイッチ形化合物の登場

1・4・1 フェロセン

次に有機金属化学分野で大エポックとなる事柄は，フェロセンの合成とその構造の解明である．1951 年に英国の P. L. Pauson らは，シクロペンタジエンと塩化鉄との反応から，空気中で安定な赤橙色の固体を合成した [式(1・8)][26)].

$$
\text{(シクロペンタジエン)} + \text{FeCl}_3 \text{ または Fe}^0 \longrightarrow
\begin{array}{c}
\text{Cp}-\text{Fe}-\text{Cp (H,H)} \quad \text{C—Fe σ 結合} \\
\updownarrow \\
\text{Cp}^- \text{Fe}^{2\oplus} \text{Cp}^- \quad \text{イオン結合} \\
\text{(赤橙色固体)}
\end{array}
\quad (1 \cdot 8)
$$

彼らは，この固体が炭素と鉄との間に σ 結合をもった化合物と，シクロペンタジエニルアニオンと 2 価の鉄イオンとからなる化合物との共鳴構造で存在するものと仮定した．Pauson らとはまったく独立に，英国の S. A. Miller らも，シクロペンタジエン蒸気と金属鉄との反応から同じ固体が生成することを報告した[27)]．これらの報告をみた当時米国の Harvard 大学にいた英国人の G. Wilkinson ら[28)]やドイツの München 大学のドイツ人 E. O. Fischer ら[29)]が，当時としては最新の分光機器であった IR (infrared spectroscopy, 赤外分光) や UV (ultraviolet and visible spectroscopy, 紫外・可視分光) や NMR (nuclear magnetic resonance, 核磁気共鳴) 装置ならびに X 線結晶構造解析装置などをそれぞれ用いて，この化合物の構造は鉄が二つのシクロペンタジエン環 (Cp と略することが多い) で挟まれたサンドイッチ形構造であり，鉄は上下 5 個ずつ合計 10 個の炭素とすべて同じ相互作用をもつことを明らかにした (図 1・4)．この化合物は空気中で昇華精製できるほど安定であるので，通常の C—Fe の σ 結合をもっているはずがないと，それまで種々の遷移金属化合物を扱ってきていてそれらの性質に精通していた Wilkinson の直感が，今までまったく知られていなかった新しい結合様式をもっ

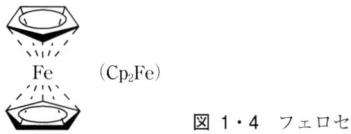

図 1・4 フェロセンの構造

た有機金属化合物の提案につながったのである．つねに問題意識をもって研究に携わっていることの重要性，それであってこそ重要な発見や発明につながることの顕著な例である．まさに，フランス人 L. Pasteur が 1854 年に語った言葉"Chance favors the prepared mind"である[30]．

なお，Wilkinson と共同研究した Harvard 大学の R. B. Woodward は，この化合物にフェロセン（ベンゼンからの類推名）の名前を提案し，Wilkinson によるサンドイッチ形化合物や Fischer による二重円錐化合物という名を退けた．命名法の妙である．Wilkinson と Fischer は，独立にその後すぐにほかの多くの遷移金属についても同様な化合物が合成できることを実験的に示し，一般名として metallocene（メタロセン）という言葉が定着した．たとえば，チタノセン (Ti)，ジルコノセン (Zr)，ルテノセン (Ru)，コバルトセン (Co)，ニッケロセン (Ni) などである．合成法もいろいろと改良され，次に示すような方法 [式 (1・9)～(1・11)] が一般的となった．この業績により，両者は 1973 年のノーベル化学賞を共同受賞している．

$$\text{Cp} + \text{Na} \xrightarrow[-\text{H}_2]{\text{THF}} \text{Cp}^{\ominus}\text{Na}^{\oplus} \xrightarrow{\text{NiCl}_2} \text{Cp}_2\text{Ni} \qquad (1・9)$$

$$2\,\text{Cp} + 2\,\text{Et}_2\text{NH} + \text{FeCl}_2 \longrightarrow \text{Cp}_2\text{Fe} + 2\,\text{Et}_2\text{NH}\cdot\text{HCl} \qquad (1・10)$$

$$2\,\text{Cp} + 2\,\text{Et}_2\text{NH} + \text{TiCl}_4 \longrightarrow \text{Cp}_2\text{TiCl}_2 + 2\,\text{Et}_2\text{NH}\cdot\text{HCl} \qquad (1・11)$$

1・4・2 ビス（ベンゼン）クロム

このフェロセンの発見から少しだけ遅れて，0 価のクロム (Cr) が上下 2 個の中性ベンゼンで挟まれた赤褐色固体のビス（ベンゼン）クロム（図 1・5）が，ドイツ

のE. O. Fischerらによって合成された［式(1・12), (1・13)］[31]．

このサンドイッチ形有機金属化合物の誕生の歴史についても，興味深い長い話がある[32]．古く1918年に，ドイツのF. Heinがグリニャール反応剤(C_6H_5MgBr)と三塩化クロム($CrCl_3$)との反応から，フェニルクロム化合物[$(C_6H_5)_5CrBr$]を得たと報告した．彼はその後も研究を続け，類似の反応から種々のクロム化合物の混合物を赤褐色粉末として得，これを"crude bromide"と名づけたが，その構造はどれ一つとして明らかにはならなかった．この構造の解明にあたっては，米国のYale大学のH. Zeissの下で研究に励んでいた日本人M. Tsutsui（筒井　稔）に負うところが大きい．1953年，彼はこの"crude bromide"の研究を開始し，大変な苦労ののち，そのなかの有機クロム化合物がZeissや同じくYale大学のL. Onsager（不可逆過程の熱力学の基礎の確立などにより，1968年ノーベル化学賞受賞）らとの議論を通して，サンドイッチ形π錯体（図1・6）であろうと推定して，1954年に学会で発表し，また，米国化学会誌に速報として投稿した．しかし，中性のベンゼン環からCrへの電子の供与などは考えにくいとして，この論文は掲載を許可されなかった．だがその後，図1・5に記した化合物が実際に合成・単離され，1957年にやっとこの論文は同誌に載ることとなったのである[33]．フェロセンに関する論文がおそらく編集長の一存で掲載された（投稿受理日1952年3月24日，掲載日1952年4月20日）のに対し，なんと不運だったことか．科学における論文審査というものが，よくあることではあるが，決して完全なものではないことを示す好例である．なお，筒井はこの形の化合物に対して，日本の鼓（つづみ）を思い浮かべ鼓形化合物との名称を提案したそうであるが，欧米のサンド

図 1・5　ビス(ベンゼン)クロムの構造

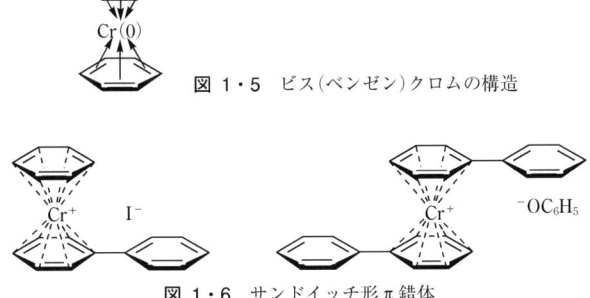

図 1・6　サンドイッチ形π錯体

イッチに負け，一般的に採用されるには至らなかった．しかし，有機金属化学の勃興期において，日本人がその発展に大きな足跡を残したことは実に素晴らしいことであり高く評価できる．

$$6\,C_6H_6 + 3\,CrCl_3 + 2\,Al + x\,AlCl_3$$
$$\longrightarrow 3\,[(C_6H_6)_2Cr][AlCl_4]\cdot(x-1)\,AlCl_3 \quad (1\cdot12)$$

$$2[(C_6H_6)_2Cr]^+ + S_2O_4^{2-} + 4\,OH^-$$
$$\longrightarrow 2\,(C_6H_6)_2Cr + 2\,SO_3^{2-} + 2\,H_2O \quad (1\cdot13)$$

ところで，このフェロセンとビス(ベンゼン)クロムの発見は，多くの有機金属化学者，有機化学者，無機化学者に豊かな発想を与えることとなり，これらの分野のその後の爆発的発展のきっかけとなったことは間違いない．

1・5 工業触媒としての有機金属化合物

1・5・1 チーグラー触媒

さて，次に特筆すべきことは，1953年ドイツのK. Zieglerによるいわゆるチーグラー(Ziegler)触媒の発見である．すなわち，トリエチルアルミニウム(Et_3Al)と四塩化チタン($TiCl_4$)との組合せが，不均一系ではあるが，エチレンの常圧重合の非常によい触媒となり，高密度ポリエチレンを生成することを見出したのである［式(1・14)〜(1・16)］[34,35]．エチレンの重合法はそれまでにも知られていたのであるが，高温・高圧を必要とし，生成するポリエチレンの性質もよくなかったのである．この触媒系では，式(1・17)に従って炭素とチタンとの間にσ結合をもつ活性な有機チタン化合物が生成し，それがCosseeが提案した機構[36]でのエチレン重合に関与するのである．なお，ここでEt—[Ti]というのは，Ti上にCl，水，アルキル，アルケンなど適当な配位子が存在しているものを表している．ここでは，エチル基とチタンのエチレンへのα,β-付加，見方を変えればエチレン分子のエチル基とチタンσ結合への挿入と考えられる単位反応が連続して起こっているのである．ただし，重合機構に関しては，その後もたとえば式(1・18)に示すメタルカルベン錯体との反応によるメタラサイクル(炭素環の中にメタルが入っているもの)を経る考え方や分子軌道論を用いた理論的説明などがいろ

いろと提案されているのが現状であり，グリニャール反応剤の場合と同様，その後の多くの研究者に"飯の種"を供給している．

$$Et_3Al + TiCl_4 \longrightarrow EtTiCl_3 + Et_2AlCl \qquad (1\cdot14)$$

$$EtTiCl_3 \xrightarrow[-CH_2=CH_2]{-EtH} TiCl_3 \qquad (1\cdot15)$$

$$Et_3Al + TiCl_3 \longrightarrow \begin{array}{c} Cl \quad Cl \quad Et \\ \diagdown / \diagdown / \\ Ti \quad Al \\ / \diagdown / \diagdown \\ Cl \quad Et \quad Et \end{array}$$

$$\rightleftharpoons \begin{bmatrix} Et \quad Cl \quad Et \\ \diagdown / \diagdown / \\ Ti \quad Al \\ / \diagdown / \diagdown \\ Cl \quad Cl \quad Et \end{bmatrix}$$

$$\rightleftharpoons EtTiCl_2 + Et_2AlCl \qquad (1\cdot16)$$

$$\begin{array}{c}Et\\ [Ti]-\|{}^{CH_2}_{CH_2}\end{array} \longrightarrow \begin{array}{c}Et\\ Ti\diagdown{}^{CH_2}_{CH_2}\end{array} \longrightarrow \begin{array}{c}Et\\ Ti\diagdown\end{array} \longrightarrow \longrightarrow \longrightarrow$$

$$\xrightarrow{CH_2=CH_2} [Ti]-H$$

$$Et-(CH_2CH_2)_n-[Ti] \longrightarrow Et-(CH_2CH_2)_{n-1}-CH=CH_2 \qquad (1\cdot17)$$
ポリエチレン

$$\begin{array}{c}\diagdown\\ C=Ti\\ \diagdown\\ C=C\\ \diagdown\end{array} \rightleftharpoons \begin{array}{c}Ti\\ \diagdown / \diagdown\\ C \quad C\\ \diagdown / \diagdown\\ C\end{array} \xrightarrow{重合} ポリエチレン \qquad (1\cdot18)$$

これと類似の触媒系(Et_3Al–$TiCl_3$)を，イタリアのG. Nattaがプロピレンの重合に応用し，1954年その立体規則性重合に成功し，すぐさま特許をとった．さらに，ブタジエンやイソプレンの重合による合成ゴム製造やエチレン–プロピレンの共重合にも成功した．現在チーグラー–ナッタ（Ziegler–Natta）触媒とよばれている．これを用いるアルケンの重合は，合成樹脂や合成繊維の製造を中心とする石油化

学工業の華々しい幕開けとなった．この触媒反応の開発については，Natta が Ziegler を訪問した際，討論のなかでプロピレンにはまだうまく応用できていないことを知ったとか，触媒の秘密を Natta が盗んだのではないかなど，いろいろと生臭い話が取りざたされたのであるが，1963 年に両者にノーベル化学賞が与えられた．

1・5・2 カミンスキー触媒

　チーグラー–ナッタ触媒系は非常に効率のよいもので，これにさらに改良を加えた系が現在でも重合触媒の中心であるが，1980 年にドイツの W. Kaminsky によってプロピレンの立体規則性重合に有効な新しい均一系触媒が開発された[37]．すなわち，式(1・19)に示すチタンのビスシクロペンタジエニル錯体とメチルアルミノキサン(MAO と略されている)との組合せであり，優れた物性をもつポリアルケン製造が実用化されているが，これに類似した触媒の開発や，その応用研究が精力的になされているのが現状である．さらに新たな重合触媒がそのうちに開発されてくるであろう．それにしてもここでも Ti と Al が用いられていることは，チーグラー–ナッタ触媒の域を出ていないともいえ，この両人の研究の偉大さが感じられる．また，カミンスキー(Kaminsky)触媒としてシクロペンタジエニル金属錯体が用いられているのも，先に述べたフェロセンやその関連化学が進歩したからであり，学問や研究というものは，すべて積み重ねであることの一例であろう．

$$\text{Cp}_2\text{TiCl}_2 + \text{Me-(Al-O)}_n\text{-AlMe}_2 \quad (\text{MAO}) \qquad (1\cdot 19)$$

$$\uparrow$$
$$\text{Me}_3\text{Al} + \text{H}_2\text{O}$$

1・5・3 ワッカー触媒とその周辺

　工業的大規模生産をうながした触媒開発として，次にあげられるのは，1957 年ドイツの J. Smidt らによるパラジウム触媒を用いるエチレンからのアセトアルデヒド製造である[38]．アセトアルデヒドを酸化して得られる酢酸は，いろいろな化成品製造の出発原料となる重要な化合物である[式(1・20)]．この触媒プロセス

は，0 価のパラジウムを再酸化するために，塩化銅(II)/塩酸/酸素を共存させるというものであり，研究が行われたドイツの化学会社，Wacker 社の名前をとって，ワッカー(Wacker)法とよばれている．アセトアルデヒドは式(1・21)に従って生成するとされているが，ここで鍵となるのはエチレンに対するオキシパラジウム化，すなわち，ツァイゼ塩と同様なエチレンとパラジウムとのπ錯体に，水が攻撃してβ-ヒドロキシエチルパラジウム化合物(A)が生成する反応である．この有機パラジウム化合物は非常に不安定でただちに分解してアセトアルデヒドと 0 価のパラジウム種を与える．このパラジウム(0)を銅塩，酸素，塩酸で再酸化して触媒サイクルが完成するのであるが，これを見事に製造プロセス化したのである．じつは，式(1・21)で示される単位反応は，古く 1894 年にすでに観察されていたのであるが[39]，それをパラジウムに関して触媒化し，製造プロセスを確立し，たとえば 1980 年頃には年間約 250 万 t 近くも生産したというところが画期的なのである．先人の論文を注意深く読み，ヒントをつかむ能力を磨いておくと，このような幸運に出くわすのである．これもまた Pasteur のいう "be prepared" の状態にあったからであろう．

$$CH_2=CH_2 \xrightarrow[\substack{CuCl_2/O_2/HCl \\ H_2O}]{触媒 PdCl_2} CH_3CHO \xrightarrow{[O]} CH_3CO_2H \qquad (1\cdot 20)$$

$$CH_2=CH_2 \begin{array}{c} OH_2 \\ \downarrow \\ \\ \downarrow \\ Pd \\ Cl \quad Cl \end{array} \xrightarrow{-HCl} \left[\begin{array}{c} H \quad OH \\ | \quad | \\ H-C-C-H \\ | \quad | \\ Pd \quad H \\ | \\ Cl \end{array} \right. \rightleftharpoons \left. \begin{array}{c} H \quad OH \\ | \quad | \\ H-C-C-H \\ | \quad | \\ H \quad Pd \\ | \\ Cl \end{array} \right] \xrightarrow[-Pd^0]{-HCl} CH_3CHO \qquad (1\cdot 21)$$
$$\mathbf{A}$$

このワッカー法におけるパラジウム塩のすばらしい触媒活性に触発されて 1960 年代初頭からパラジウム塩の関与した有機化学反応に関する研究が勃興した．どのような反応も触媒化できると思われたことから "magic catalyst" とよばれたり，また，反応や研究が行き詰まったときにはパラジウムのお世話になるという "苦しいときの神頼み" ならぬ "苦しいときのパラ頼み" などといわれた

ものである.これらの反応の多くは中間に炭素とパラジウム間にσ結合やπ結合を有する有機パラジウム化合物を経由するものであり,有機金属化学の世界において不動の位置を占めるに至っている[40]).

それではワッカー法の出現以前はどのようにしてアセトアルデヒドが製造されていたかというと,これにも有機金属化学が大きく関与しているのである.すなわち,1950年代あるいはそれ以前では,酸性条件下,2価の水銀塩を触媒とするアセチレンの水和反応で合成されており,この反応は中間にビニル水銀(II)化合物を経由して進行しているのである[式(1・22)].このプロセスでは,全体を通して水銀の酸化数は2価のままで変わらず,ワッカー法におけるような触媒金属の再酸化は不必要である.この触媒反応は非常に効率がよく,大量のアセトアルデヒド製造に用いられたのであるが,非常に残念で不幸なことに,この反応系で有毒なメチル水銀化合物が生成し,それが系外に排出されてしまったために,いわゆる水俣病を引き起こしたのである*.当然のことながら,アセトアルデヒドの製造は急速にワッカー法に取って代わられていくのであるが,奇しくもわが国においては,1960年代初頭はアセチレンを中心とする石炭化学工業が,エチレンを中心とする石油化学工業に取って代わられたときであり,原料変換に伴う技術革新の典型的な一例となっている.ところで,興味深いことに,現在ではこのワッカー法も,1970年代はじめに開発されたロジウム塩を触媒としてメタノールと一酸化炭素とから一段で酢酸を合成する方法(開発した米国の化学会社の名をとって,モンサント(Monsanto)法とよばれる)に取って代わられている[式(1・23)].この方法においても中間体として炭素とロジウムのσ結合をもつ有機金属化合物が生成している.いずれにしても化学者および化学技術者はつねに新規でより効率的な,現在ではさらに環境保全を考慮した合成方法の開発に努めているのである.環境保全を重視した化学はグリーンケミストリーと総称され,この考え方が定着しつつある.

---

* たとえば,毎日新聞1999年11月2日朝刊—21世紀への伝言,水俣病—によると,1956年5月水俣病公式発見,1959年7月熊本大学が原因に関して有機水銀説を発表,1963年5月チッソ(株)の汚泥から有機水銀を検出と正式発表,1965年5月新潟水俣病発見,1968年5月チッソ(株)が製造中止.認定患者2263人,死亡1361人.その後,患者の認定や訴訟を巡り長い裁判闘争が起こり,2004年10月最高裁において関西訴訟での原告勝訴が確定した.現在認定患者は死者を含み約3000人.

$$HC \equiv CH \xrightarrow[\substack{H_2SO_4 \\ H_2O}]{触媒\ HgZ_2} \left[\underset{HO}{\overset{H}{>}} C=C \underset{H}{\overset{HgZ}{<}} \right]$$

$$\xrightarrow[-HgZ_2]{HZ} \underset{HO}{\overset{H}{>}} C=C \underset{H}{\overset{H}{<}} \equiv CH_3CHO \qquad (1 \cdot 22)$$

$$MeOH + CO \xrightarrow[HI\ または\ I_2]{Rh(I)触媒} CH_3CO_2H \qquad (1 \cdot 23)$$

1・6 遷移金属錯体

1・6・1 ヴァスカ錯体

1960年代に入ると,遷移金属錯体の化学ならびにそれを用いる触媒反応に関する研究はますます発展を遂げる.まずあげられるのは,1961年米国のL. Vaskaによるいわゆるヴァスカ(Vaska)錯体(**B**)の発見である[式(1・24)][41].すなわち,塩化イリジウム(III)($IrCl_3$)とトリフェニルホスフィン(Ph_3P)とをエチレングリコールやジエチレングリコールなどの高沸点アルコール中で加熱したところ,鮮黄色の固体が生成し,これが1価のイリジウムのカルボニル錯体であることが判明した.ここで,錯体中のCOはアルコール由来であること,アルコールの代わりに N,N-ジメチルホルムアミド(DMF; N,N-dimethylformamide)を用いても,同じ錯体がより簡便に得られることなどが明らかとなった.この錯体は,ヨウ化メチルやヨウ化アセチルや水素分子などと反応して,メチル基やアセチル基やHとイリジウムとの間にσ結合をもち,イリジウムの酸化数が変化した新たな有機金属錯体を与えることが明らかとなり[式(1・25)],中心遷移金属への酸化的付加と還元的脱離という新概念を生み出すこととなった.また,分子状酸素と新しい錯体を形成するということも大きな発見であった.

$$IrCl_3 + PPh_3 + ROH \xrightarrow{加熱} \begin{array}{c} Cl \quad PPh_3 \\ \diagdown Ir \diagup \\ \diagup \quad \diagdown \\ Ph_3P \quad CO \\ \mathbf{B} \end{array} \qquad (1 \cdot 24)$$

1・6・2 ウィルキンソン錯体

このヴァスカ錯体は触媒として化学反応にうまく利用できなかったが，おそらくこの研究に触発されて，イリジウムと同族のロジウム(Rh)を中心金属とする新しい錯体が，1965 年に英国の G. Wilkinson ら[42]，M. A. Bennett ら[43]，ならびに R. S. Coffey ら[44] により，それぞれ独立に発見された．すなわち，塩化ロジウム(III)($RhCl_3$)とトリフェニルホスフィンとをエタノール中で反応させると，3 価の Rh が 1 価に還元されたロジウム－ホスフィン錯体(**C**)が赤色固体として得られ[式(1・26)]，この固体はヴァスカ錯体でみられた酸化的付加や還元的脱離を示す以外に，もっとも特長的なこととして，アルケンを常温常圧で水素化する触媒特性を有することが明らかとなったのである．すなわち，式(1・27)に示すように，**C** は分子状水素と反応してロジウムヒドリド錯体を与え，それがさらにアルケンと反応してアルキルロジウム化合物が生成する．これはただちにアルカン

$$RhCl_3 \cdot 3H_2O + PPh_3 + EtOH \longrightarrow RhCl(PPh_3)_3 \quad (1\cdot 26)$$
$$\mathbf{C}$$

を脱離してCを再生する．この反応を繰り返すことにより，アルケンはアルカンにCの触媒存在下水素化されるというわけである．この錯体触媒の発見以前は，アルケンの水素化反応はPdやPtなどを固体触媒とする不均一系で行われていたのであるが，錯体Cは有機溶媒に可溶でこれを用いると反応が均一系で進行し，固体触媒とは異なる反応性を示すなどの画期的な特長を有するものであった．この錯体の誕生の際の先陣争いや命名などについても，いろいろの伝聞，うわさ話が伝えられているが，現在ではウィルキンソン(Wilkinson)触媒という名が定着している[45]．ちなみにWilkinsonは先に述べたフェロセンの構造を明らかにした人物と同一である．この錯体合成の際に，還元剤としてホルマリン溶液を加えると，ヴァスカ錯体と類似の黄色のロジウムカルボニル錯体($[RhCl(CO)(PPh_3)_2]$)が生成する．これは，アルケンと一酸化炭素とからアルデヒドを製造するヒドロホルミル化反応の高効率的な触媒となることが明らかにされている．さらに，これらのロジウム錯体はその後もさまざまな種類の有機合成反応の均一系触媒として利用できることが明らかとなり，このような研究の線上で，先述したメタノールと一酸化炭素による酢酸合成(モンサント法)が誕生したのである．

1・7 金属カルベン錯体

さて，1章を締めくくるにあたって，金属と炭素との間に形式的に二重結合をもった有機金属化合物，すなわち，金属カルベン錯体の発見をあげておこう．カルベンというのは，炭素原子上にほかの元素と結合をもたない電子が2個存在する不安定な化学種であり，たとえばアルケンと反応してシクロプロパンを形成する．じつは，この化学種が遷移金属に配位すると安定化され，金属錯体として単離されることが，1964年にドイツのE. O. Fischerによって初めて発見された[46]．フェロセンの構造を明らかにし，ビス(ベンゼン)クロムを発見したあのFischerである．クロムヘキサカルボニル($[Cr(CO)_6]$)の炭素をカルボアニオンと反応させたのち，アルキル化剤と反応させると，空気中で安定で再結晶も可能な有機クロム化合物(D)が得られたのである[式(1・28)]．この化合物は炭素アニオンと反応して新しく炭素-炭素結合を形成するなど，有機金属化学の新分野を切り拓き，現在，この型の金属錯体はとくにフィッシャー(Fischer)型カルベン錯体と

$$Cr(CO)_6 + RLi \longrightarrow \left[(OC)_5Cr-C\begin{matrix}O^{\ominus}\\R\end{matrix} \right] Li^{\oplus}$$

$$\longleftrightarrow \left[(OC)_5Cr=C\begin{matrix}OLi\\R\end{matrix} \right]$$

$$\downarrow R'X$$

$$(OC)_5Cr=C\begin{matrix}OR'\\R\end{matrix}$$

$$\mathbf{D} \qquad (1\cdot28)$$

よばれている．この発見を契機として研究が進み，酸素のようなヘテロ原子を含まないカルベン錯体も次々と発見された．たとえば，1976年に米国のR. R. Schrockによって発見されたシュロック(Schrock)型カルベン錯体(**E**)[47]や1978年にやはり米国のF. N. Tebbeによって合成されたテッベ(Tebbe)錯体(**F**)[48]などである(図1・7)．錯体**E**や**F**はオレフィンメタセシス反応の触媒となったり，また，ケトンからアルケンを合成する際に有機化学分野でよく知られたウィッティヒ(Wittig)反応*とは異なる反応性を示すなどの特長を有している．その後

---

* ウィッティヒ反応とは，1954年にドイツのG. Wittigによって発見された反応で，塩基存在下，ハロゲン化アルキルとトリフェニルホスフィンとから生成するいわゆるウィッティヒ反応剤(**G**)が，カルボニル化合物と反応してアルケンを与えるものである．この反応剤は石偏の元素で非金属であるイリドであり，残念ながら有機金属化学の範ちゅうには入らない．この反応の弱点はエノール化しやすいケトンやエステルやアミドのカルボニル基などにはうまく応用できないことである．一方，シュロック錯体やテッベ錯体では，これらの反応が可能なのである．とはいうものの，ウィッティヒ反応が有機合成上非常に有用な炭素−炭素結合形成反応であったために，G. Wittigは，これまた有機合成上，非常に有用なアルケンのヒドロホウ素化反応(アルケンの隣り合う炭素に水素とホウ素が結合して有機ホウ素化合物を生成する)の発見者である米国のH. C. Brownとともに，1979年にノーベル化学賞を受賞している．

$$\begin{matrix}R\\R'\end{matrix}CHX + PPh_3 \xrightarrow[-HX]{\text{塩基}} \begin{matrix}R\\R'\end{matrix}C^{\delta-}=P^{\delta+}Ph_3 \xrightarrow{\overset{}{C}=O} \begin{matrix}R\\R'\end{matrix}C=C\begin{matrix}\\\end{matrix}$$

G

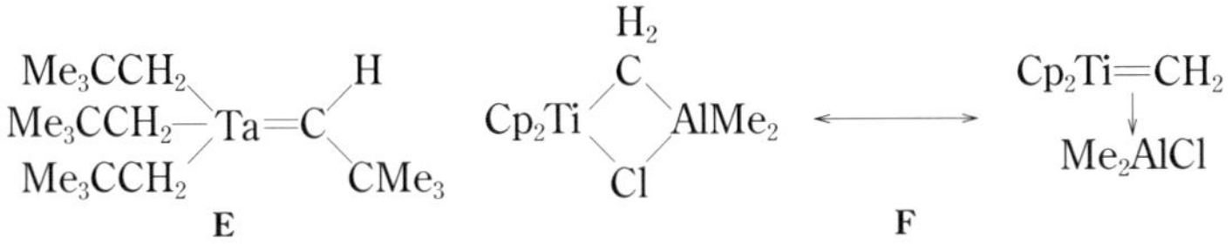

図 1・7 シュロック型カルベン錯体とテッベ錯体

もいろいろなカルベン錯体さらには金属と炭素との間に三重結合を有する金属カルビン錯体が発見され,それらが多くの有機合成反応に応用され,また,これらを中間体とする数多くの触媒反応が開発されるなど,大きな成長を遂げるに至っている.また,式(1・18)に記したようなアルケン重合の際のメタルカルベン錯体経由という考え方も,これらの研究の一環として提案されたものである.

1・8 おわりに

以上,有機金属化学の歴史をひもといてきたが,基本的な大発見はグリニャール反応を除いては,1950～1970年頃に集中していることがおわかりいただけたと思う.最近ではこの化学もかなり成熟の度合いを深めているが,基本反応をもとに,たとえば配位子に光学活性化合物を利用する触媒的不斉合成や,いろいろな遷移金属錯体を触媒とする巧妙で選択性の高い炭素-炭素結合形成反応などがどんどん開発されていっているのが現状である.次の大発見を行うのは,今この1章を読み終えた"あなた"かもしれない.

ところで,ワインを片手に楽しんで読んでいただけたでしょうか.では,もう一杯新たについで,以下の章に目を通していただきたい.

参 考 文 献

1) A. R. Butler, R. A. Reid, *Chem. Brit.*, **22**, 311 (1986).
2) (a) 原　光雄,"化学入門",p.6,岩波新書(1958);(b) 井本　稔,"日本の化学100年のあゆみ",p.12,化学同人(1978);(c) 藤田英夫,"大阪舎密局の史的展開",p.4,思文閣出版(1995) など.
3) L. Pauling, "The Nature of the Chemical Bond", 3rd. ed., p. 93, Cornell University Press (1960).
4) 化学と工業,**61**,598,808(2008)など.
5) W. C. Zeise, *Pogg. Ann.*, **21**, 497 (1831).
6) 山本明夫,"有機金属化学—基礎と応用—",p.3,裳華房(1982).
7) M. Black, R. H. B. Mais, P. G. Owston, *Acta Cryst.*, **B25**, 1753 (1969);より正確な解析結果は,J. A.

7) J. Jarvis, B. T. Kilbourn, P. G. Owston, *Acta Cryst.*, **B27**, 366 (1971).
8) M. J. S. Dewar, *Bull. Soc. Chim. Fr.*, **1951**, C71.
9) J. Chatt, L. A. Duncanson, *J. Chem. Soc.*, **1953**, 2939.
10) 山本明夫, "有機金属化学―基礎と応用―", p. 54, 裳華房 (1982).
11) M. J. S. Dewar, *J. Am. Chem. Soc.*, **101**, 783 (1979).
12) R. H. Crabtree, "The Organometallic Chemistry of the Transition Metals", 3rd ed., p. 115, John Wiley & Sons (2001) など.
13) (a) E. Frankland, *Ann.*, **71**, 171 (1849) ; (b) E. Frankland, *J. Chem. Soc.*, **2**, 263 (1850).
14) D. Seyferth, *Organometallics*, **20**, 2940 (2001). アルキル亜鉛化合物の誕生をエッセー風にまとめたもの.
15) V. Grignard, *Compt. Rend.*, **130**, 1322 (1900).
16) Ch. Elschenbroich, A. Salzar, "Organometallics. A Concise Introduction", 2nd ed., p. 43, VCH (1992) など.
17) R. E. Dessy, S. E. I. Green, R. M. Salinger, *Tetrahedron Lett.*, **1964**, 1369 ; D. O. Cowan, J. Hsu, J. D. Roberts, *J. Org. Chem.*, **29**, 3688 (1964).
18) U. J. Guggenberger, R. E. Rundle, *J. Am. Chem. Soc.*, **90**, 5375 (1968).
19) 山本明夫, 化学, **49**, 852 (1994).
20) C. Blomberg, F. A. Hartog, *Synthesis*, **1977**, 18 など.
21) "The Merck Index", 13th ed., p. 1642, Merck (2001).
22) Ch. Elschenbroich, A. Salzar, "Organometallics. A Concise Introduction", 2nd ed., p. 139, VCH (1992).
23) 山本明夫, "有機金属化学―基礎と応用―", p. 130, 裳華房 (1982).
24) O. Dimroth, *Ber.*, **31**, 2154 (1898).
25) 深海 浩, "変わりゆく農薬", p. 31, 化学同人 (1998).
26) T. J. Kealy, P. L. Pauson, *Nature*, **168**, 1039 (1951).
27) S. A. Miller, J. A. Tebboth, J. F. Tremaine, *J. Chem. Soc.*, **1952**, 632.
28) G. Wilkinson, M. Rosenblum, M. C. Whiting, R. B. Woodward, *J. Am. Chem. Soc.*, **74**, 2125 (1952).
29) E. O. Fischer, W. Pfab, *Z. Naturforsch.*, **7B**, 377 (1952).
30) Pasteur はフランス人なので, 当然フランス語で語ったのである. "Dans les champs de l'observation le hasard ne favorise que les esprits préparés."
31) (a) E. O. Fischer, W. Hafner, *Z. Naturforsch.*, **10B**, 665 (1955) ; (b) E. O. Fischer, W. Hafner, *Z. Anorg. Allg. Chem.*, **286**, 146 (1956).
32) (a) D. Seyferth, *Organometallics*, **21**, 1520 (2002) ; (b) D. Seyferth, *Organometallics*, **21**, 2800 (2002). この連報のエッセーに, この化合物誕生の歴史が詳しく述べられている.
33) H. H. Zeiss, M. Tsutsui, *J. Am. Chem. Soc.*, **79**, 3062 (1957).
34) K. Ziegler, *Angew. Chem.*, **67**, 543 (1955).
35) 山本明夫, "有機金属と化学―基礎と応用―", p. 275, 裳華房 (1982).
36) P. Cossee, *J. Catal.*, **3**, 80 (1964).
37) 伊藤 卓, "有機金属化学ノーツ", p. 87, 裳華房 (1999) など.
38) (a) J. Smidt, W. Hafner, R. Jira, J. Seldmeier, R. Sieber, R. Ruttinger, H. Kojer, *Angew. Chem.*, **71**, 176 (1959) ; (b) J. Smidt, W. Hafner, R. Jira, R. Sieber, J. Seldmeier, A. Sabel, *Angew. Chem., Int. Ed. Engl.*, **1**, 80 (1962).
39) F. C. Phillips, *J. Am. Chem. Soc.*, **16**, 255 (1894).
40) J. Tsuji, "Palladium Reagents and Catalysis: New Perspectives for the 21st Century", John Wiley

& Sons (2004).
41) L. Vaska, J. W. DiLuzio, *J. Am. Chem. Soc.*, **83**, 2784 (1961).
42) J. F. Young, J. A. Osborne, F. H. Jardine, G. Wilkinson, *Chem. Commun.*, **1965**, 131.
43) M. A. Bennett, P. A. Longstaff, *Chem. Ind.*, **1965**, 846.
44) R. S. Coffey, *Brit. Appl.*, Feb. 18 & Nov. 10 (1965) ; ICI Brit. Pat. 1121642 (1965).
45) 植村　榮. 化学. **53**, 44 (1998).
46) E. O. Fischer, A. Massböll, *Angew. Chem., Int. Ed. Engl.*, **3**, 580 (1964).
47) R. R. Schrock, *J. Am. Chem. Soc.*, **98**, 5400 (1976).
48) F. N. Tebbe, *J. Am. Chem. Soc.*, **100**, 3611 (1978).

有機金属化学の基礎 2

　本章では有機金属化合物とは，どういうものをさすのかについて述べたあと，それらの構造について紹介する．遷移金属錯体においては，d軌道が重要な役割を果たしており，五つのd軌道とそれらの軌道を含めた混成軌道の形を取りあげ，有機金属化合物の構造を説明する．次に有機金属化学を学ぶうえで重要な用語を取りあげ，順に解説する．不斉合成についても簡単にふれる．

2・1　有機金属化合物とは

　有機金属化合物とは，金属と有機基が金属‒炭素の直接結合により結びついた化合物である．したがって金属と炭素の間に酸素，窒素，硫黄原子などが割り込んだ化合物は有機金属化合物とはよばない．たとえば，Feのアセチルアセトナート錯体やTiのアルコキシド(図2・1)などは金属が酸素を仲立ちとして炭素と結合しているため有機金属化合物ではない．シアン化ナトリウムなどのシアン化物や金属炭化物は金属‒炭素結合を有しているが，明らかに無機的化合物であるため，これらも有機金属化合物とはよばない．一方，$Fe(CO)_5$や$Co_2(CO)_8$などの金属カルボニルは有機化合物的な性質を示すため有機金属化合物として取り扱うのが一般的である．

　有機金属化合物は有機化合物と無機化合物の間に位置している．そのために1章でも述べたように厳密に定義付けするのは難しく，どちらともとれる化合物も

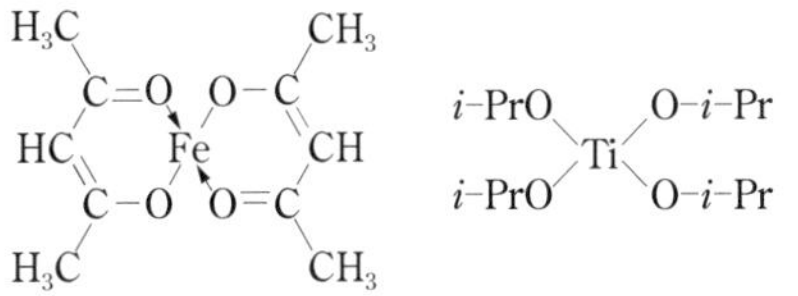

図2・1　(a) Feのアセチルアセトナート
(b) Tiのアルコキシド

多い．これらの化合物のうち，有機化学的に重要と思われるものについてはできるだけ取り扱うことにした．要は，金属を含み有機的な反応をする化合物を広く有機金属化合物ととらえ，その化学の奥の深さ，おもしろさを感じとっていただくのが本書の目的である．

2・2　金属化合物の構造

　BH_3 は単量体では安定性が低く二量化体ジボラン B_2H_6 として存在する．おのおののホウ素原子は4個の水素原子によって取り囲まれ，その形はほぼ四面体構造に近い．両端の二つの水素原子とホウ素のなす角度は121.5°で二つの橋かけ水素とホウ素のなす角度97°よりも大きい（図2・2）．B_2H_6 ではB—H結合が8個存在するが，原子価電子は二つのホウ素原子からの $2\times3=6$ 電子と，6個の水素原子からの $6\times1=6$ 電子の合計12個すなわち6電子対分しかない．このような分子を電子不足分子または電子欠損型分子とよぶ．ホウ素原子はそれぞれ sp^3 混成軌道をつくり，端の二つの水素原子はホウ素原子と通常の共有結合を形成する．一方，ホウ素と橋かけ水素ともう一つのホウ素の結合においては，二つのホウ素の残りの sp^3 軌道と橋かけ水素の1s軌道が重なり，B—H—B全体にわたって広がった一つの軌道が形成される．ホウ素と水素からそれぞれ1個ずつの電子を供給するので，全部で4個の電子が2個のB—H—B結合を形成する．つまり一つの電子対が3原子の組に対して用いられるので3中心2電子結合とよぶ．

　$AlMe_3$ も B_2H_6 と同じように二量体 Al_2Me_6 として存在する．その構造は二つのメチル基で二つのAl原子を橋かけした形である（図2・3）．アルミニウム原子の sp^3 軌道と炭素原子の sp^3 軌道が重なって3中心2電子結合を形成している．Al_2Me_6 のプロトンの核磁気共鳴スペクトルを低温で測定すると，末端のメチル基と橋かけのメチル基のピークは別々に観測される．しかしながら温度を上げて

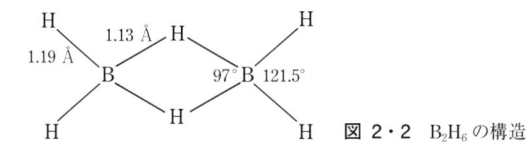

図2・2　B_2H_6 の構造

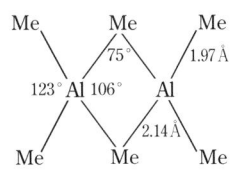

図 2・3 Al₂Me₆ の構造

測定すると1本の鋭いピークとなる．橋かけしているメチル基と Al の結合の部分的解離が起こり，末端メチルとの間ですみやかな交換が起こるためである．

ホウ素やアルミニウムなどの典型金属化合物はルイス(Lewis)酸であり，アミン，ホスフィン，エーテルのような電子供与性化合物と結合すると4配位四面体錯体を形成する．またカルボニル化合物を作用させると，カルボニル酸素からの電子供与によってやはり4配位四面体構造をとる(図2・4)．

典型金属化合物に対して遷移金属錯体では d 軌道が重要な役割をする．d 軌道には5種類ある．d_{xy}, d_{xz}, d_{yz} 軌道はそれぞれ xy, xz, yz 方向に四つ葉のクローバーのように広がった形をしている(図2・5)．これら三つのほかに直角座標の軸方

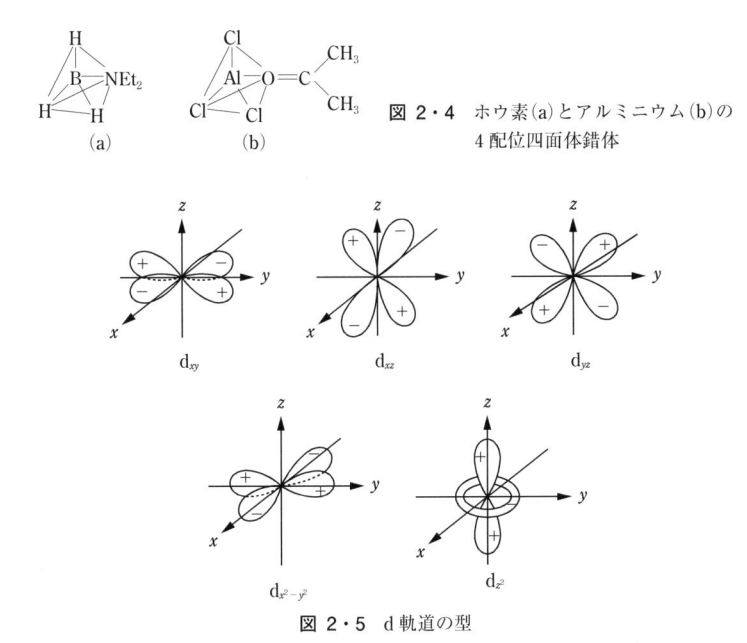

図 2・4 ホウ素(a)とアルミニウム(b)の4配位四面体錯体

図 2・5 d 軌道の型

八面体 (a) 　平面正方形 (b) 　四面体 (c)

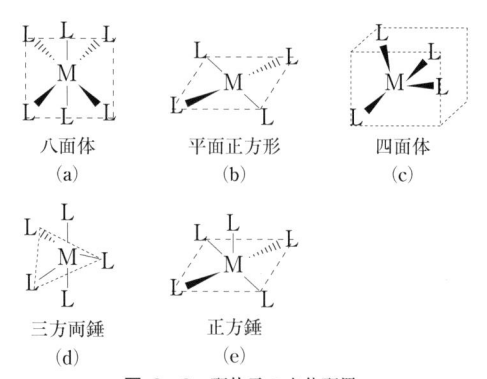

三方両錐 (d) 　正方錐 (e)

図 2・6　配位子の立体配置

向に張り出した $d_{x^2-y^2}$, d_{z^2} がある．遷移金属錯体ではこれら d 軌道を含めた混成軌道が可能となる．おもなものは次の五つである（図 2・6）．

① 八面体型混成（octahedral）　　$d_{x^2-y^2}$ と d_{z^2} 軌道が一つの s 軌道および 1 組の p_x, p_y, p_z 軌道と混成してできる．正八面体の各頂点に向かって張り出した軌道．

② 平面正方形型混成（square planar）　　$d_{x^2-y^2}$ と s 軌道および p_x, p_y 軌道の混成によってできる．xy 平面内の各頂点に張り出した軌道をもつ．

③ 四面体型混成（tetrahedral）　　s 軌道と d_{xy}, d_{yz}, d_{xz} の軌道の混成によってできる．sp^3 に似た四面体型軌道をもつ．

④ 三方両錐型混成（trigonal bipyramidal）　　s, p_x, p_y, p_z, d_{z^2} の五つの軌道の混成によってできる．エクアトリアルな三つの軌道とアキシアルの二つの軌道があり，エクアトリアルの軌道とアキシアルの軌道とは等価でない．

⑤ 正方錐型混成（square pyramidal）　　s, p_x, p_y, p_z および $d_{x^2-y^2}$ 軌道の混成によってできる．基底面へ張り出している軌道と正方錐の頂点へ張り出している軌道は等価ではない．

2・3 有機金属化学の基礎用語

有機金属化学に独特な用語や表現がある.そのなかで,これだけは知っておいてほしいと思われる用語について解説する.

2・3・1 18電子則

G. N. Lewis のオクテット則(8電子則,1対の電子だけを必要とする水素以外の原子は,できるだけ自分のまわりに8個の電子を配置しようとする)の拡張として提案された経験的法則である.金属錯体の金属をルイス酸,配位子を電子供与体とみなし,中心金属のもつd電子の数と配位子から供給される電子の総数が18になるとき,錯体が安定に存在するというものである.すなわち $ns^2(n-1)d^{10}np^6$ のすべての軌道に電子が入っているとき,その電子数は合計が $2+10+6=18$ となり,この錯体は18電子則に従っているといい,多くの場合安定である.また18電子則に従っている錯体は配位的に飽和しているといい,18電子に満たないものは配位不飽和であるという.この18電子則は,N. V. Sidgwick によって提案された有効原子番号則(effective atomic number rule, EAN)と同一の内容であるが,EAN則では中心金属の電子数と配位子から供与される電子の総和を中心金属の属する周期の希ガス電子数と比較するのである.そのためEAN則の勘定の仕方では希ガスの電子数を覚えている必要がある.これに対し,18電子則では閉殻(closed shell)の電子(core electrons)を除外し,残りの原子価電子(valence electrons)の数だけを数えればよい.

錯体の金属の総価電子数は次の式によって計算される.

$$\text{錯体の金属の総価電子数} = d^n + \text{配位子から供与される電子数}$$

$$\text{ここで } d^n = \text{金属の価電子数} - \text{錯体の金属の形式酸化数}$$

金属の価電子数は,その0価金属のd電子数に相当する.たとえば,ニッケル(Ni)原子の基底状態の電子配置は $1s^2 2s^2 2p^6 3s^2 3p^6 3d^8 4s^2$ で3d軌道に8個,4s軌道に2個の電子が入っているが,錯体をつくる場合には4s軌道の2電子が3d軌道に入り配位子と結合をつくるほうがエネルギー的に有利である.したがってNiの0価錯体のd電子の数は10であると考える.第4周期の個々

の金属について,その0価金属のd電子数は次の通りである.Sc(3),Ti(4),V(5),Cr(6),Mn(7),Fe(8),Co(9),Ni(10).第5,第6周期についても,同族では同じ数のd電子をもつ.

一方,形式酸化数とはすべての配位子を取り去った際に金属上に残る電荷の数である.すなわち,M—X を M と :X にしたときに金属に生じる陽電荷の数である.たとえば,Ni—CO(ニッケルに対して一酸化炭素が配位している)を Ni と CO に分離すると CO は中性配位子であり Ni 上に電荷は残らない.そこでこの場合 Ni の形式酸化数は0となる.これに対し,Ni—Cl(ニッケルに対して塩素イオンが配位している)を Ni^+Cl^- に分離すると塩素は-1価であり Ni 上には電荷が一つ残るので形式酸化数は+1となる.

さらに配位子から供与される電子数は各配位子の供与電子数の総和である.配位子には負電荷をもったものと中性のものがありその供与電子数は表2・1の通りである.

いくつかの金属錯体について価電子数を考えてみる.

(例1) ペンタカルボニル鉄,$Fe(CO)_5$

一酸化炭素は中性配位子で,金属の形式酸化数は0である.0価鉄の価電子数は8であり d^n は 8-0=8 となる.したがって総価電子数は,$d^n+5(CO)=8+5\times2=18$ で18電子則を満たした配位飽和な錯体であることがわかる.

(例2) デカカルボニル二マンガン,$(CO)_5Mn—Mn(CO)_5$

0価マンガンの価電子数は7であるが,Mn—Mn 結合によって隣りのマンガン原子と2電子を共有しているので,マンガンの酸化数を1とみて隣りのマンガンを負電荷をもった2電子配位子と考えると,$d^n=7-1=6$で,総価電子数は $d^n+5(CO)+:Mn=6+5\times2+2=18$ となり18電子則を満たす.さらに(例3)フェ

表2・1 配位子と配位電子数

負電荷をもった配位子	供与する電子数	中性配位子	供与する電子数
$H(H^-)$	2	CO	2
$R(R^-)$	2	R_3P	2
$X(X^-)$	2	アルケン	2
アリル	4	ジエン	4
シクロペンタジエニル	6	ベンゼン	6

(例3) 　　　　　　(例4)

フェロセン構造図　　H₂RhCl(PPh₃)₃構造図

（フェロセン）

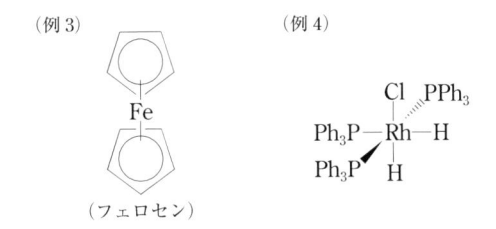

$d^n = 8 - 2 = 6$　　　　　$d^n = 9 - 3 = 6$
総価電子数 $= 6 + 2 \times 6 = 18$　　総価電子数 $= 6 + 6 \times 2 = 18$

図 2・7 フェロセンと $H_2RhCl(PPh_3)_3$ の総価電子数

ロセンならびに(例4) $H_2RhCl(PPh_3)_3$ についても考えてみる(図2・7). これらいずれもが配位飽和な錯体である.

次に遷移金属錯体の反応に関する基本的な用語について, 2・3・2〜2・3・9項で説明する.

2・3・2 酸化的付加と還元的脱離

配位不飽和な金属錯体に化合物 A—B が作用して A—B 結合が切断されると同時に金属に付加して式(2・1)のような反応が起こるとき, この反応を酸化的付加(oxidative addition)とよぶ. 化合物 A—B としては H—H, H—X, R—X, RCO—H, RCO—X などがあげられる.

$$L_nM + A-B \longrightarrow L_nM\begin{matrix}A\\B\end{matrix} \qquad (2・1)$$

ウィルキンソン(Wilkinson)錯体((PPh₃)₃RhCl)に対する水素の酸化的付加を例にとって詳しく説明する[式(2・2)]. もとの錯体は配位不飽和(16電子)であり, ロジウムの形式酸化数は +1 である. 水素の付加によって配位飽和(18電子則を満たす)となると同時に, 金属の形式酸化数は +3 となり二つ増加する. すなわち, この反応によって中心金属の形式酸化数および配位数は増加する. 酸化数が増大し, 金属が形式的に酸化されるので酸化的付加という表現を用いる. 有機化学において, C=C や C=O に対して水素が付加してアルカンやアルコールを生成する反応はもちろん還元である. ところが遷移金属に対する水素の付加を水素分子による金属の酸化といい酸化的付加と表現する. アルコールをケトンに酸化する

という有機化学での酸化という用語とはまったく異なった意味をもっている．混乱を招きやすいが有機金属化学独特のいいまわしであり，両者をしっかり区別してほしい．なお典型金属であるマグネシウムとハロゲン化アルキルの反応によるグリニャール(Grignard)反応剤の調製も広義には酸化的付加とみなすことができる[式(2・3)]．マグネシウムの酸化数が0から+2となる．

$$\underset{(16\,電子)}{\text{L}_4\text{RhCl}} + \text{H—H} \xrightarrow{酸化的付加} \underset{(18\,電子)}{\text{L}_4\text{Rh(H)}_2\text{Cl}} \quad (2\cdot2)$$

$$\text{Mg} + \text{R—X} \longrightarrow \text{RMgX} \quad (2\cdot3)$$

ここで，H_2 の酸化的付加を反応の駆動力(driving force)の点から考えてみよう．H—H結合は 104 kcal mol^{-1} という大きな結合解離エネルギーを有している．ところが，金属錯体と出会うと常温付近で簡単に切断が起こる．すべての化学反応，もちろん有機金属化学の反応も出発物質と生成物の間の平衡で表されている．どちらの側に傾いているかは平衡定数の大きさで決まる．いい換えるとギブズエネルギー変化($\Delta G°$)に依存している．そして，このギブズエネルギー変化はエンタルピー変化とエントロピー変化によって決まる．このうちエンタルピー項は結合の強さに関係した項である．H—H結合を切断するために大きなエネルギーが必要であっても，H_2 の金属への酸化的付加によって生成する二つのM—H結合のエネルギーが十分に大きければ反応は進行する．実際二つのM—Hの結合エネルギーはH—Hの結合エネルギーを補うだけ十分に大きい．さらにH—H結合が切断されると同時にM—H結合ができる反応は，活性化障壁が低く常温付近の温度で起こる．本書で取りあげる反応一つひとつについて，その反応がなぜうまく進行するのか，反応の駆動力が何なのかについては紙幅の都合で説明することができないが，それぞれの反応をよりよく理解するために，これらの点をつねに考えるよう心掛けてほしい．

金属にA—Bが付加する酸化的付加の逆反応，すなわち金属から二つの配位子AとBが同時に脱離する反応を還元的脱離(reductive elimination)とよぶ．中心金属の形式酸化数ならびに配位数は，ともに2だけ減少する．有機遷移金属錯体の分解反応の一つであるが，AとBが有機基の場合には化合物A—Bが生成する

ので，炭素-炭素結合生成法として有機合成上非常に有用な反応である．ニッケル上の二つのアルキル基が脱離する反応を例にあげる．ビピリジンを配位子とするジアルキルニッケル錯体は安定で，ベンゼン中で加熱しても分解しない．ところがここにアクリロニトリルや無水マレイン酸のような電子求引基をもつアルケンを加えると，Ni—R 結合が活性化され R—R カップリング体が生成する．この過程が還元的脱離である［式(2・4)］．アルケンと π 錯体を形成することによりニッケルからアルケンへ電子の逆供与が起こり，Ni(bipy)R_2 の電子密度が下がり，そのため Ni—R 結合が切れやすくなり脱離が進行すると考えられる．

$$(bipy)Ni\begin{array}{c}R\\R\end{array} \xrightarrow{CH_2=CHCN} \begin{array}{c}CH_2=CHCN\\(bipy)Ni\begin{array}{c}R\\R\end{array}\end{array} \xrightarrow{還元的脱離} (bipy)Ni(CH_2=CHCN) + R-R \quad (2・4)$$

2・3・3 挿入と逆挿入

有機金属錯体の M—C または M—H 結合へ化合物 A=B や :A—B が挿入する反応を挿入反応 (insertion reaction) とよぶ［式(2・5), (2・6)］．A=B がアルケンや一酸化炭素の場合がとくに重要である．

$$M-R + A=B \longrightarrow M-A-B-R \quad (2・5)$$

$$M-R + :A-B \longrightarrow M-\underset{\underset{B}{|}}{A}-R \quad (2・6)$$

エチレンの重合反応を例にあげる．チタンのエチレン π 配位錯体が σ 錯体へと移る過程が挿入反応である［式(2・7)］．この過程において，チタンに配位しているアルケンの π 結合とチタンとエチル基の間の σ 結合の二つの結合が，チタンとブチル基の間の新しい σ 結合一つで置き換えられる．チタンの形式酸化数は変わらないが総価電子数は 2 だけ減少する．

$$\begin{array}{c}Et\\|\\-Ti\leftarrow\|\begin{array}{c}CH_2\\CH_2\end{array}\end{array} \xrightarrow{挿入} \begin{array}{c}Et\\|\\CH_2\\|\\-Ti-CH_2\end{array} \quad (2・7)$$

なおこの挿入反応は立体特異的に進行し，M—R あるいは M—H はアルケンに対してシン付加する．アルケンが配位したメタルヒドリド M—H がアルキルメタル錯体になる反応はヒドロメタル化(7・2・1b 項参照)とよばれる．この挿入反応は α, β 挿入(M—Cα—Cβ—H)である[式(2・8)]．これに対して式(2・9)に述べるカルボニル化反応は α, α 挿入である．

$$\text{C}=\text{C} \xrightarrow[\text{M—H}]{\alpha,\beta\text{挿入}} \text{C—C} \quad (2\cdot 8)$$

$$\text{M—R} + {}^{\alpha}_{\alpha}\text{C}\equiv\text{O} \xrightarrow{\alpha,\alpha\text{挿入}} \text{M—C—R} \quad (2\cdot 9)$$

遷移金属アルキルは CO と反応し，挿入反応を起こして遷移金属アシルとなる．ヒドロホルミル化反応(8・2・3 項参照)などがその代表例である．この CO の挿入はカルボニル化ともよばれ多くの場合可逆的である．逆反応は脱カルボニル化あるいは CO の逆挿入とよばれる．

$$\begin{array}{c} \text{O} \\ \| \\ \text{C} \\ | \\ \text{LnM—CH}_3 \end{array} \longrightarrow \text{LnM—CCH}_3 \quad (\text{CO 挿入}) \quad (2\cdot 10)$$

$$\begin{array}{c} \text{O} \\ \| \\ \text{C} \\ | \\ \text{LnM—CH}_3 \end{array} \longrightarrow \begin{array}{c} \text{O} \\ \| \\ \text{C—CH}_3 \\ | \\ \text{LnM—}\square \end{array} \quad (\text{メチル基の移動}) \quad (2\cdot 11)$$

□：空配位座

上式で示される二つの反応は，アシル錯体生成の二つの過程を示している．式(2・10)は CO が金属とメチル結合の間に挿入する過程を示したもので，式(2・11)はメチル基が移動するというものである．炭素 13 でラベルした一酸化炭素を用いた詳細な実験の結果，メチルマンガンカルボニルと CO の反応においてはメチル基が移動してアセチルマンガンカルボニルが生成することが証明されている．トリフェニルホスフィンのような配位子を加えると，メチル基がシス位のCO 上へ移動する．メチル基がもとあった配位座にトリフェニルホスフィンが入る[式(2・12)]．これに対して，逆に CO が金属とメチル基の間に移動挿入する反応例も少ないながらもいくつか知られている．一般的に CO 挿入反応は，機構

的にはアルキル基の移動で進行することが多いので厳密にはアルキル基のCOへの移動反応とよぶべきところであるが，有機金属化学では両者を区別せずに出発物質と生成物の形だけをみてCOの挿入という用語を用いる．

$$\text{MeCO}-\text{Mn(CO)}_4 \xrightarrow{\text{PPh}_3} \text{Me}-\text{Mn(CO)}_3(\text{PPh}_3)(\text{CO}) \quad (2\cdot12)$$

一方，典型金属であるグリニャール反応剤とカルボニル化合物の反応も挿入とみることができる．一般にはアルキルアニオンがカルボニル炭素を求核攻撃すると考えるが，見方をかえると式(2・13)のようにMg—Rの間にカルボニルがα, β挿入したと考えることができる．

$$\text{R}-\text{MgX} + \underset{\text{R}^1}{\overset{\text{R}^1}{>}}\!\!=\!\text{O} \xrightarrow{\alpha,\beta\text{挿入}} \text{R}-\underset{\text{R}^2}{\overset{\text{R}^1}{\text{C}}}-\text{O}-\text{MgX} \quad (2\cdot13)$$

2・3・4 ヒドロメタル化とカルボメタル化反応

炭素-炭素二重結合や三重結合に対して，水素と金属が付加する反応をヒドロメタル化反応とよぶ．前項で述べた挿入反応と内容は同じであり，どちらに注目して反応を眺めるかによってよび方が違ってくる．すなわち，金属-水素結合をもつ有機金属化合物を基質と考え，アルケンやアルキンを反応剤とした場合には，金属-水素結合に対してアルケンやアルキンが挿入したと捉えるのが一般的である．したがって挿入反応ということになる[式(2・14)]．一方，アルケンやアルキンを基質とみなし，有機金属化合物を反応剤と考えると，これらの二重結合や三重結合に水素と金属が付加すると捉えヒドロメタル化という表現になる[式(2・15)]．

$$\text{M}-\text{H} \xrightarrow{\text{C}=\text{C}} \text{M}-\text{C}-\text{C}-\text{H} \quad (\text{アルケンの挿入}) \quad (2\cdot14)$$

$$\text{C}=\text{C} \xrightarrow{\text{M}-\text{H}} -\underset{\text{M}}{\text{C}}-\underset{\text{H}}{\text{C}}- \quad (\text{ヒドロメタル化}) \quad (2\cdot15)$$

水素−金属結合をアルキル−金属結合に置き換え，炭素−炭素多重結合との反応を考えると，やはり二つの表現の仕方が可能である．すなわち，アルキル−金属へのアルケンやアルキンの挿入[式(2・16)]，あるいはアルケンやアルキンに対するアルキル−金属化合物のカルボメタル化というよび方である[式(2・17)]．

$$\text{M-C} \xrightarrow{\text{-C≡C-}} \text{M-C=C-C} \quad (\text{アルキンの挿入}) \qquad (2・16)$$

$$\text{-C≡C-} \xrightarrow{\text{M-C}} \begin{array}{c} \text{-C=C-} \\ | \quad | \\ \text{M} \quad \text{C} \end{array} \quad (\text{カルボメタル化}) \qquad (2・17)$$

2・3・5 金属交換反応（トランスメタル化）

二つの金属の間でアルキル基などを交換する反応で，有機金属化合物を合成する方法の一つである(3章参照)．ここでは遷移金属化合物と典型金属化合物の間での交換について述べる．

$$\text{TiCl}_4 + \text{AlEt}_3 \rightleftharpoons \begin{bmatrix} \text{Cl} & \text{Et} & \text{Et} \\ \text{Cl-Ti} & & \text{Al} \\ \text{Cl} & \text{Cl} & \text{Et} \end{bmatrix} \rightleftharpoons \begin{bmatrix} \text{Et} & \text{Cl} & \text{Et} \\ \text{Cl-Ti} & & \text{Al} \\ \text{Cl} & \text{Cl} & \text{Et} \end{bmatrix}$$

$$\rightleftharpoons \text{EtTiCl}_3 + \text{AlEt}_2\text{Cl} \qquad (2・18)$$

エチレンの重合に用いられるチーグラー(Ziegler)触媒は TiCl_4 と AlEt_3 を混合することによって調製される．チタンに結合していたハロゲン原子とアルミニウムに結合していたエチル基との間で，交換が起こりエチルチタン化合物が生成する[式(2・18)]．エチレンの重合に際して真の触媒活性種が何なのか，複数の化合物が関与しているのか，まだ十分に解明されていないが，おそらく4価，3価，2価のチタン化合物の混合物が生成し，それぞれが反応に寄与していると考えられている．いずれにしてもエチル−チタン結合をもつ化合物が触媒活性種となっていることは確実である．グリニャール反応剤に触媒量のコバルト塩を添加すると，ハロアルカンとのクロスカップリングが起こることも古くから知られている[カラーシ(Kharasch)反応]．また RLi，RMgX，R_2Zn，R_3Al，R_4Si，R_4Sn などの典型金属化合物に，触媒量の遷移金属化合物を加えると反応性が大きく変わることは広く知られている．こうした反応においては，典型金属と遷移金属の間で有機基 R の交換が起こっている．電気的により陽性の典型金属元素であるリチウ

ムやマグネシウム,亜鉛,アルミニウムなどの金属上のアルキル基が遷移金属上へ移るトランスメタル化が一般的である.たとえばRLiとハロゲン化パラジウムの間の交換は,リチウムとパラジウムのPaulingの電気陰性度が1.0と2.2であることを考えると,容易に進行することが予想される[式(2・19)].そして,実際に実験的にもトランスメタル化が認められる.これに対して,R_4Snからのパラジウムへのアルキル基の移動は,スズの電気陰性度が1.8ということから起こりにくい[式(2・20)].

$$RLi + PdCl_2 \rightleftarrows RPdCl + LiCl \qquad (2 \cdot 19)$$

$$R_4Sn + PdCl_2 \rightleftarrows RPdCl + R_3SnCl \qquad (2 \cdot 20)$$

ところがパラジウム触媒共存下でのカルボン酸塩化物とアルキルスズ化合物の反応は容易に進行しケトンを収率よく与える[式(2・21)].反応は0価のパラジウムの酸塩化物に対する挿入,パラジウムとスズの間の金属交換ならびに還元的脱離の3段階で進行すると考えられる.ここで熱力学的には不利な金属交換が可能になるのは,金属交換につづく還元的脱離がすみやかにしかも非可逆的に起こることで,2段階目の金属交換の平衡が右に傾くためである.

$$\begin{aligned}
R^1COCl + R_4Sn &\xrightarrow{Pd(0)} R^1COR \\
R^1COCl + Pd(0) &\longrightarrow R^1CO-Pd-Cl \\
R^1CO-Pd-Cl + R_4Sn &\longrightarrow R^1CO-Pd-R + R_3SnCl \\
R^1CO-Pd-R &\longrightarrow R^1COR + Pd(0)
\end{aligned} \qquad (2 \cdot 21)$$

2・3・6 αおよびβ脱離

同じ原子上から二つの原子AとBが脱離する反応がα脱離であり,隣り合った原子から二つの原子AとBが脱離する反応がβ脱離である.脱離する原子AとBがHとBrである場合を例にあげる.ブロモホルムに強塩基を作用させると,HとBrがα炭素原子から脱離しジブロモカルベンが生成する(α脱離)[式(2・22)].一方,2-ブロモプロパンにナトリウムエトキシドのような塩基を作用させると,β位のHとBrが脱離してプロペンが生成する(β脱離)[式(2・23)].

$$\underset{\alpha\text{脱離}}{\overset{\text{塩基}}{\underset{Br}{\overset{Br}{\underset{|}{\overset{|}{C}}}}\underset{Br}{\overset{H}{}}}} \longrightarrow \underset{\text{ジブロモカルベン}}{\overset{Br}{\underset{Br}{C:}}} \qquad (2\cdot 22)$$

$$\underset{\beta\text{脱離}}{\overset{\text{塩基}}{H-\underset{H}{\overset{H}{C}}-\underset{Br}{\overset{H}{C}}-CH_3}} \longrightarrow \overset{H}{\underset{H}{C}}=\overset{H}{\underset{CH_3}{C}} \qquad (2\cdot 23)$$

有機金属化学では，上の例における臭素をメタルに置き換えて考えればよい．そして有機金属化学においては，これらの M—H の脱離に対する活性化障壁が低いために，反応は塩基などの存在なしに熱的に容易に進行する．

まず β 水素脱離について述べる．3-ヘキセンのヒドロホウ素化反応では 3-ヘキシルボランが生成する．室温ではこのアルキルボランは安定であるが，150 ℃ に加熱すると異性化を起こし 1-ヘキシルボランとなる．この異性化反応は次のようにして進行する．有機ホウ素化合物である 3-ヘキシルボランにおいて，β 位の水素と金属が脱離し金属ヒドリド（ジアルキルボラン）が生成すると同時にアルケン（2-ヘキセン）が生成する．ヒドロホウ素化と β 脱離を繰り返し，最終的にもっとも安定な末端炭素にホウ素の結合した化合物となる［式(2・24)］．

$$CH_3CH_2CH=CHCH_2CH_3 \xrightarrow{R_2'BH} CH_3CH_2CH\text{—}CHCH_2CH_3$$
$$\qquad\qquad\qquad\qquad\qquad\qquad\qquad\quad |$$
$$\qquad\qquad\qquad\qquad\qquad\qquad\qquad R_2'BH$$

$$\rightleftharpoons CH_3CH_2\underset{H}{\overset{H}{C}}-\overset{\beta}{\underset{BR_2'}{C}}CH_2CH_3 \rightleftharpoons CH_3CH_2CH\text{—}CHCH_3$$
$$\qquad\qquad\qquad\qquad\qquad\qquad\qquad\qquad\qquad\qquad |$$
$$\qquad\qquad\qquad\qquad\qquad\qquad\qquad\qquad\qquad\quad R_2'BH$$

$$\rightleftharpoons CH_3CH_2CH_2CH\text{—}CHCH_3 \rightleftharpoons CH_3CH_2CH_2CH\text{—}CH_2$$
$$\qquad\qquad\qquad\qquad |\qquad\qquad\qquad\qquad\qquad\qquad\qquad |$$
$$\qquad\qquad\qquad\quad BR_2'\qquad\qquad\qquad\qquad\qquad\qquad R_2'BH$$

$$\longrightarrow CH_3CH_2CH_2CH_2CH_2CH_2BR_2' \qquad (2\cdot 24)$$

この β 水素脱離はアルケンの挿入反応の逆反応であり，遷移金属化合物では

有機ホウ素や有機アルミニウムなどの典型金属化合物に比べてより容易に進行する．反応の進行とともに金属の形式酸化数は変化しないが，配位数は増えるので配位的に不飽和な錯体でなければ反応は起こらない[式(2・25)]．

$$\underset{\underset{H}{|}}{\overset{\overset{H}{|}}{R-C-CH_2}} \longrightarrow RCH=CH_2 \qquad (2 \cdot 25)$$
$$ MX \downarrow$$
$$ H-M-X$$

β脱離はアルケンの生成だけではない．金属のアルコキシドからのケトンの生成もβ脱離である．一例として第二級アルコールに酢酸パラジウムを作用させケトンを得る反応をあげることができる[式(2・26)]．

$$\underset{R}{\overset{R}{\diagdown}}\!\!\!\underset{H}{\overset{}{\diagup}}\!\!\!C\!-\!OH + Pd(OAc)_2 \longrightarrow \underset{RH}{\overset{R}{\diagdown}}\!\!C\!-\!\underset{Pd(OAc)}{\overset{O}{|}}$$

$$\longrightarrow \underset{R}{\overset{R}{\diagdown}}C=O + H-PdOAc \qquad (2 \cdot 26)$$

もう一つのα脱離についてはシュロック(Schrock)型カルベンの合成(3・3・4項)のところで実例をあげて説明するので，ここでは一般式を記すにとどめる[(式(2・27)]．

$$CH_3\overset{\curvearrowleft}{M}\!-\!\underset{H}{\overset{}{|}}\!\!CH_2 \xrightarrow{\alpha\text{脱離}} CH_3\overset{}{M}\!=\!CH_2$$
$$ \underset{H}{\overset{}{|}}$$
$$ \longrightarrow CH_4 + M=CH_2 \qquad (2 \cdot 27)$$

2・3・7 配位子交換(配位子の解離と会合)

遷移金属錯体では配位子の交換が容易に起こる．すなわち配位子の一つがはずれて別の配位子が結合する．この反応は2段階で進行する．式(2・28)ではまず最初にロジウム上のトリフェニルホスフィン配位子の一つが解離する．この解離によってロジウムのまわりは16電子となり，配位不飽和となる．次にアルケンがロジウムに会合して配位飽和な錯体となる．

なおアルケンが配位したπ錯体においては2電子がアルケンから金属に供与

されているが同時に金属のd電子がアルケンの空のπ^*軌道に供給される．この電子の供与を逆供与(back donation)とよぶ．

$$\underset{L=PPh_3}{H-\underset{\underset{Cl}{|}}{\overset{\overset{H}{|}}{Rh}}-L} + CH_2=CH_2 \rightleftharpoons H-\underset{\underset{Cl}{|}}{\overset{\overset{H}{|}}{Rh}} \leftarrow \underset{CH_2}{\overset{CH_2}{||}} + L \quad (2\cdot28)$$

2・3・8 カルベン錯体

2価の炭素をカルベン($:CR_2$)といい，遊離の状態では不安定で短寿命である．一般的には，反応する相手を共存させておいて，系中で発生させただちに捕捉する．たとえば，アルケンの共存下にジアゾメタンを熱分解すると，シクロプロパン化合物が得られる[式(2・29)]．またシモンズ-スミス(Simmons–Smith)反応ではCH_2I_2と亜鉛から系中で亜鉛カルベノイドを調製し，アルケンのシクロプロパン化を行う[式(2・30)]．

$$\overset{\ominus}{CH_2}-\overset{\oplus}{N}\equiv N \longrightarrow :CH_2 \quad \longrightarrow \quad \quad (2\cdot29)$$

$$\underset{I}{\overset{I}{|}}{CH_2} + Zn \longrightarrow \underset{I}{\overset{ZnI}{|}}{CH_2} \longrightarrow \quad \quad (2\cdot30)$$

さらにジアゾ酢酸エチルを銅塩の存在下に分解して，カルベン-銅錯体を発生させ共存するアルケンとの反応によってシクロプロパンカルボン酸エステルを合成する反応も有機合成上有用な反応である．工業的な菊酸合成の例を式(2・31)に示す．これら金属触媒を用いる方法は亜鉛や銅の錯体としてカルベンの安定化をはかったものである．シモンズ-スミス反応剤や銅-カルベン錯体は十分安定でなく単離精製はなされていない．しかしながら1964年にE. O. Fischerによって安定なカルベン錯体が単離され，それ以来，錯体化学的な基礎研究や有機化学的応用研究が活発に行われている．カルベン錯体には，このFischerによって発見されたヘテロ原子を含む低原子価錯体とヘテロ原子を含まない錯体の2種類がある．前者をフィッシャー(Fischer)型カルベン錯体といい，求電子的なカルベンである．一方，後者はシュロック型カルベン錯体(アルキリデン錯体ともよぶ)と

いい求核的なカルベンである(3・3・4項参照).

$$\text{(structure)} + \text{N}_2\text{CHCOOR} \xrightarrow{\text{キラル触媒}} \text{(cyclopropane product)} \quad 94\%\text{ee} \tag{2・31}$$

R = (−)-メンチル

触媒: $[\text{salicylaldimine-Cu complex}]_2$

$R^1 = CH_3 \quad R^2 = C_6H_3\text{-}2\text{-}(n\text{-}C_8H_{17}O)\text{-}5\text{-}(t\text{-}C_4H_9)$

2・3・9 アルケンのメタセシス

2種のアルケンが二重結合のところで組換えが起こる反応を，メタセシスあるいはトランスアルキリデン化反応という［式(2・32)］．触媒としては，モリブデン，タングステン，レニウム，ルテニウムなどの金属を含む均一系あるいは不均一系触媒が用いられる．反応機構は式(2・33)の通りである．金属カルベン錯体触媒に対するアルケンの配位によって反応は開始される．次に両者の間で[2+2]環化が起こりメタラシクロブタンが生成する．この中間体において，アルケン $R^1CH=CHR^2$ を与えるように切断が起こり，この脱離したアルケンが配位した新しいカルベン錯体となる．配位しているアルケンがもう一つのアルケン $R^2CH=CHR^2$ と配位子交換を起こしたのち，再び[2+2]環化により別のメタラシクロブタンが生成する．再び四員環の開裂によってアルケン $R^1CH=CHR^2$ が生成するとともに触媒である金属-カルベン錯体が再生される．すべての反応が平衡であり，生成物は三つの異性体アルケンの混合物となる．このアルケンメタセシスは現在では工業的にも実験室的にも広く利用されている．

$$R^1CH=CHR^1 + R^2CH=CHR^2 \rightleftharpoons R^1CH=CHR^2 + R^1CH=CHR^2 \tag{2・32}$$

$$\text{(2・33)}$$

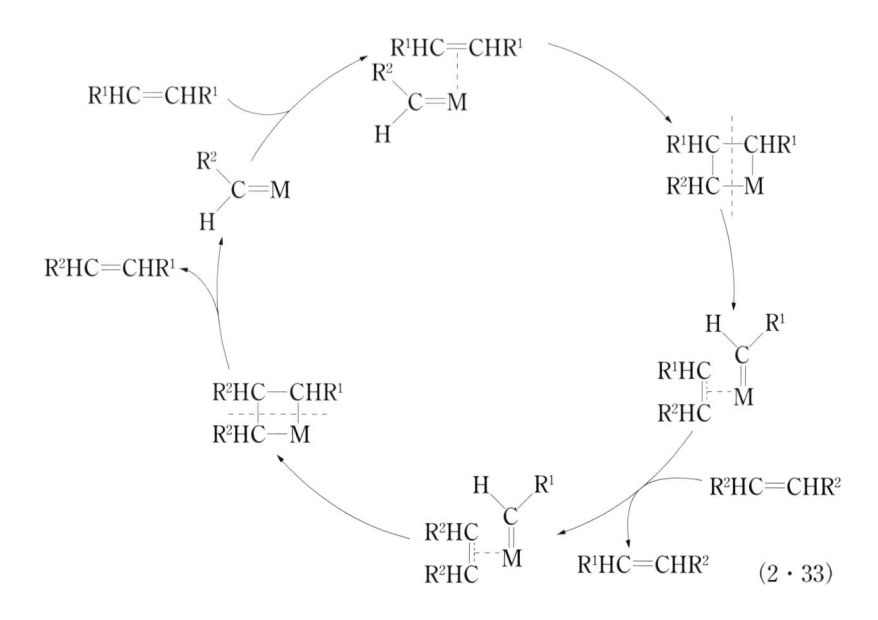

2・4　有機金属化学と不斉合成

　近年，医薬，農薬，あるいは液晶材料などを光学活性体として提供することが必要不可欠となっている．L-アミノ酸からなる生体物質はキラル構造をもち，有機分子のキラリティを明確に区別する．ところがこれまで鏡像体の一方だけを経済的に効率よく合成する方法がないために，ラセミ体を生理活性物質の代替品として用いてきた．現在でも 90% 以上もの医薬がラセミ体として合成されている．そのためにサリドマイドにみられるような問題も起こしてきた．今後は目的の生理活性を有する光学異性体のみを医薬品として用いなければならない．

　光学活性化合物を得る方法として，古くから行われてきた方法はラセミ体の光学分割である．しかしながら，この方法では不要な鏡像異性体は廃棄するか，あるいは回収再利用するしかなく，その効率は悪い．キラル分子を化学量論量用いる不斉反応においてはキラル分子の回収が問題となる．多量のアキラルな化合物に対して，触媒量のキラル分子を用いて不斉合成が行えればもっとも有利である．酵素を用いるのも一つの方法ではあるが，その高い基質特異性のために基質に対

する制限が大きく一般性に欠ける．これに対して，金属錯体を利用する不斉触媒反応では，金属触媒上に少量の不斉配位子を不斉源として導入するだけで原理的には無限個の光学活性化合物を得ることができ，もっとも効率的な不斉合成法となる．さらに配位子の修飾により生成物の絶対配置や選択性を調整できることも大きな利点である．また酵素が反応しない基質も取り扱えることや生成物の分離回収が容易であるなどの特徴をあげることができる．この領域はわが国の研究者が世界をリードしており，多数の研究者が活発に研究を展開している．アルドール反応，ディールス-アルダー(Diels-Alder)反応などの炭素-炭素結合形成反応やアルケンのエポキシ化，α, β不飽和カルボン酸の水素化などの酸化・還元反応などいくつかの触媒反応で，ほぼ100%の光学収率が達成されている．しかしながら，これら個々の反応の詳細については本書の範囲をこえるので，ここではこれ以上述べない．各章で適宜簡単に触れるにとどめる．

3 有機金属化合物の合成法と性質

本章では有機金属化合物の合成法ならびにそれらの性質について述べる．典型金属化合物では，有機リチウム，マグネシウムをはじめ亜鉛，ホウ素，アルミニウム化合物など代表的な有機金属化合物を取りあげる．一方，遷移金属化合物については，10族の Ni, Pd, Pt の錯体に焦点を絞り解説する．さらにカルベン錯体についてもその製法と性質について紹介する．

3・1 有機金属化合物の合成法

3・1・1 典型金属–炭素結合の生成法

典型金属–炭素結合の生成法は多岐にわたるが，そのうち重要と思われるもの六つを以下にまとめる．

① 有機ハロゲン化物と金属からの直接法

$$RX + 2M \longrightarrow RM + MX \quad M = Li, Na, Cu \quad (3・1)$$

$$RX + M \longrightarrow RMX \quad M = Mg, Ca, Ba, Zn \quad (3・2)$$

② 金属ハロゲン化物と有機金属化合物との金属交換法

$$MX_n + RM' \longrightarrow RMX_{n-1} + M'X \quad (3・3)$$

$$M = Al, Zn, Cu \quad M' = Li, MgX \quad 電気陰性度：M > M'$$

③ 有機ハロゲン化物と有機金属化合物との交換による方法

$$RX + R'M \longrightarrow RM + R'X \quad M = Li, Na, MgX, AlR_2 \quad (3・4)$$

④ 有機金属化合物による水素引抜き

$$RH + R'M \longrightarrow RM + R'H \quad R'M = n\text{-}C_4H_9Li, (i\text{-}C_3H_7)_2NLi \quad (3\cdot5)$$

⑤ 酸性度の高い水素と金属との反応による方法

$$RH + M \longrightarrow RM + \frac{1}{2}H_2 \quad M = Li, Na \quad (3\cdot6)$$

⑥ 金属水素化物の不飽和結合への付加による方法

$$MH + C\equiv C \longrightarrow \underset{M}{C}=\underset{H}{C} \quad MH = BH_3, R_3SiH \quad (3\cdot7)$$

これら以外にしばしば用いられる方法として金属と金属の交換反応や金属-ヘテロ原子結合間への挿入反応による方法などがある．実例を式(3・8), (3・9)に示す．

$$(\text{CH}_2=\text{CHCH}_2)_4Sn + 4PhLi \longrightarrow 4\,\text{CH}_2=\text{CHCH}_2Li + Ph_4Sn \quad (3\cdot8)$$

$$\text{C}_6\text{H}_{10} + Hg(OCOCH_3)_2 \xrightarrow{H_2O} \text{(trans-2-acetoxymercuri-cyclohexanol)} \quad (3\cdot9)$$

3・1・2 遷移金属錯体の合成法

一方，有機遷移金属錯体合成法についてはアルキル錯体の合成，アルケンならびにアルキン錯体の合成，そしてπ-アリル錯体の合成に絞って話を進める．まずアルキル錯体の合成法としては，次の四つがあげられる．

① 遷移金属ハロゲン化物と炭素求核剤の反応による方法

$$PtCl_2(PR_3)_2 + 2\,n\text{-}C_4H_9Li \longrightarrow n\text{-}C_4H_9\underset{\underset{PR_3}{|}}{\overset{\overset{PR_3}{|}}{-Pt-}}n\text{-}C_4H_9 \quad (3\cdot10)$$

② 遷移金属アニオン錯体と炭素求電子剤の反応による方法

$$CpFe^-(CO)_2Na^+ + RBr \longrightarrow CpFe(CO)_2R \quad (3\cdot11)$$

③ 低電子価錯体に対するハロゲン化アルキルの酸化的付加

$$\text{Ph}_3\text{P}-\underset{\text{Br}}{\underset{|}{\text{Ir}}}-\text{CO} \;+\; \text{CH}_3-\text{Cl} \longrightarrow \text{Ph}_3\text{P}-\underset{\text{Br}\;\text{Cl}\;\text{PPh}_3}{\underset{|}{\text{Ir}}}-\text{CO} \quad (3\cdot 12)$$

④ 遷移金属ヒドリドの不飽和炭化水素への付加（M—H への挿入反応）

$$\text{Cl}-\underset{\text{PR}_3}{\underset{|}{\text{Pt}}}-\text{H} \;+\; \text{CH}_2=\text{CH}_2 \longrightarrow \text{Cl}-\underset{\text{PR}_3}{\underset{|}{\text{Pt}}}-\text{CH}_2\text{CH}_3 \quad (3\cdot 13)$$

次に遷移金属に特有なアルケン錯体ならびにアルキン錯体の合成法について簡単にまとめる．1章で述べたように Zeise によって世界初の白金のエチレン錯体が合成された．今日では同期表の大部分の遷移金属についてアルケン錯体が知られている．これらのアルケン錯体は ① アルケンとの配位子交換［式(3・14)］，② アルケン存在下での錯体の還元［式(3・15)］，あるいは ③ アルキル錯体からの β 水素脱離［式(3・16)］などの方法によって合成される．

$$[\text{PtCl}_4]^{2-} \;+\; 2\,\text{CH}_2=\text{CH}_2 \xrightarrow{-\text{Cl}} \left[\text{Cl}-\underset{\text{Cl}}{\underset{|}{\text{Pt}}}-\underset{\text{CH}_2}{\overset{\text{CH}_2}{\parallel}}\right]^{-} \quad (3\cdot 14)$$

$$\text{RhCl}_3 \;+\; \text{CH}_2=\text{CH}_2 \xrightarrow[-\text{HCl, CH}_3\text{CHO}]{\text{EtOH, H}_2\text{O}} \quad \text{Rh}\underset{\text{Cl}}{\overset{\text{Cl}}{\diagup\hspace{-1mm}\diagdown}}\text{Rh} \quad (3\cdot 15)$$

$$\underset{\text{CO}}{\overset{\text{Cp}}{\text{OC}\cdots\text{Fe}}}\underset{\underset{\text{CH}_3}{\text{H}}}{\overset{\text{CH}_3}{\diagdown\text{C}\diagup}} \xrightarrow[-\text{HCPh}_3]{[\text{Ph}_3\text{C}]\text{BF}_4} \underset{\text{CO}}{\overset{\text{Cp}}{\text{OC}\cdots\text{Fe}}}\underset{\text{CH}_2}{\overset{\text{CHCH}_3}{\parallel}} \quad (3\cdot 16)$$

遷移金属とアルケンは，1章で述べたように，金属の d 軌道とアルケンの π，π* 軌道の間での電子の授受を通して結合し，錯体を形成する．この結合モデルはデュワー–チャット–ダンカンソン（Dewar–Chatt–Duncanson）モデルとよばれる（図1・2）．重複するが，ここで少し詳しく説明する．d 軌道と π および π* 軌道の間には二つの形式の相互作用が存在する（図3・1）．一つはアルケンの π 結

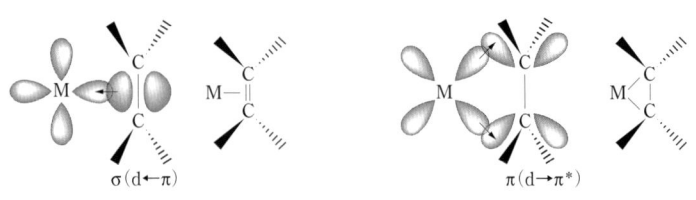

図 3・1 d軌道とπ, π*軌道の間の相互作用

合軌道と金属の空のd軌道の間にσ結合が形成され，アルケンから金属に電子が供与されるσ(d←π)相互作用である．二つめは，アルケンのπ*反結合性軌道と金属の占有d軌道との間に形成されるπ結合を介して，金属からアルケンに電子がπ逆供与されるπ(d→π*)相互作用である．

この二つの相互作用のうちいずれの寄与が大きいかは，中心金属の電子状態，配位子の種類，アルケンの性質によって決定される．すなわち，中心金属が高酸化状態であったり，錯体がカチオン性であるなど金属の電子密度が低い場合にはσ(d←π)相互作用が支配的となる．逆に，中心金属が低酸化状態であるか，錯体がアニオン性である場合には金属上の電子密度が高まりπ(d→π*)相互作用が支配的になる．また，錯体中に電子供与性の大きな配位子が存在したり，アルケンが電子求引基をもつ場合にもπ(d→π*)相互作用の寄与が増す．

たとえば，エチレンの炭素-炭素間距離は 134 pm であるがσ(d←π)相互作用が支配的なツァイゼ(Zeise)塩では 137 pm となり，π(d→π*)相互作用が支配的な Pt(0) 錯体では 143 pm となる．エチレンをテトラシアノエチレンで置換した場合には，金属からアルケンへの逆供与がさらに増し，炭素-炭素間距離は 149 pm となり，炭素-炭素単結合距離 154 pm(エタン)に近づく(図3・2)．

一方，アルキン錯体についてみてみると，ほとんどすべての遷移金属はアルキ

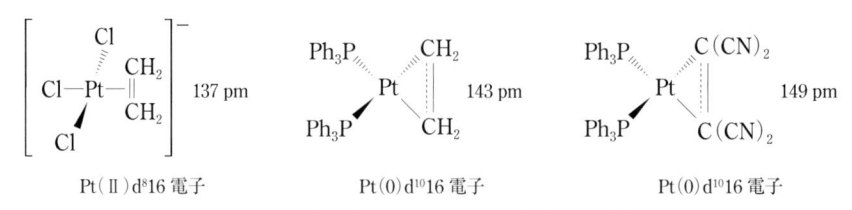

Pt(II) d^8 16 電子　　　Pt(0) d^{10} 16 電子　　　Pt(0) d^{10} 16 電子

図 3・2 相互作用とエチレンの炭素-炭素間距離

3・1 有機金属化合物の合成法

ンと反応するが，アルケン錯体のように安定な錯体をつくるものは少ない．多くのアルキン錯体は，アルキンとさらに反応してもっと複雑な錯体かあるいは有機化合物になってしまう．また安定なものは非常に安定で反応性が低すぎて有機反応には利用できない．有機合成に利用するにはこれらの極端な反応性を制御する必要がある．

　アルキンはアルケンと同様にπ電子対を通して金属に配位するが，アルキン炭素がアルケン炭素に比べ電気的に陰性なため，金属からのπ逆供与をより強くうける．金属とアルキンの結合もデュワー–チャット–ダンカンソンモデルで記述することができる．アルケン錯体と同様に，$\sigma(d \leftarrow \pi)$ 相互作用が支配的な場合と $\pi(d \rightarrow \pi^*)$ 相互作用が支配的な場合の二つの極限構造式を書くことができる（図 3・3）．

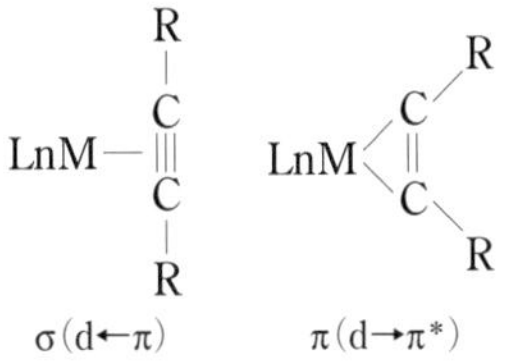

図 3・3　極限構造式

　金属からの逆供与が強くなると，金属–炭素間にσ結合が生じるとともに炭素–炭素間のπ結合次数が低下し，金属を含んだシクロプロペンとみなすことができるようになる．アルケン錯体の場合と同じく，中心金属が低酸化状態になるほどこの寄与が大きくなる．Pt(II) と Pt(0) のアルキン錯体を図 3・4 に示す．

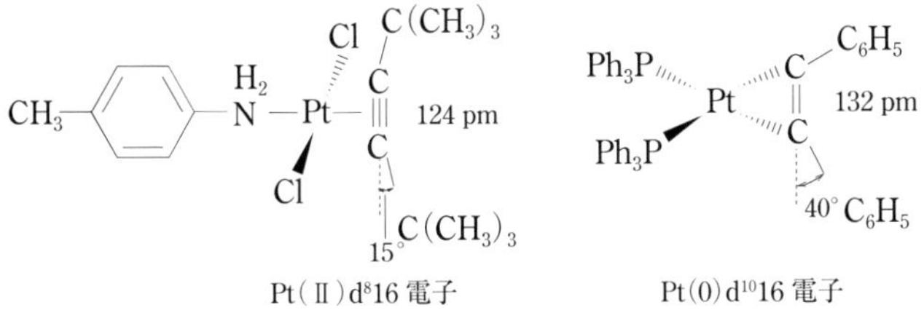

図 3・4　アルキン錯体

　アルキン錯体の多くは配位子交換反応によって合成される［式(3・17)］．コバルト錯体はアルキンの保護基として用いられるほど安定である［式(3・18)］．

$$(\eta^5\text{-}C_5H_5)Mn(CO)_3 + PhC{\equiv}CPh \longrightarrow \underset{CO}{\overset{Cp}{Mn}}\begin{matrix}\\ PhC{\equiv}CPh\\ OC\end{matrix} \qquad (3\cdot17)$$

$$Co_2(CO)_8 + RC{\equiv}CR \longrightarrow \begin{matrix} R & R \\ C{=}C \\ (CO)_3Co{-}Co(CO)_3 \end{matrix} \qquad (3\cdot18)$$

π-アリル錯体は比較的安定で取り扱いやすいためよく研究されている．またパラジウムやニッケル触媒を用いる有機合成のなかで中間体として重要な役割を演じている．その代表的な合成法としては，① 低原子価金属へのハロゲン化アリルやアリルエステルなどのアリル誘導体の酸化的付加［式(3・19)］，② アリル典型金属化合物と遷移金属ハロゲン化物の反応［式(3・20)］，③ 配位したアルケンのアリル位のプロトンの引抜き［式(3・21)］，④ 配位ジエンの末端炭素に対する $^{\ominus}OMe$, $H^{\ominus}$ や $R^{\ominus}$ の付加反応［式(3・22)］などがある．

① $Na[Mn(CO)_5]$ + ⌒⌒Cl ⟶ (η³-allyl)$Mn(CO)_4$ (3・19)

② $NiBr_2$ + 2 ⌒⌒$MgBr$ ⟶ [(allyl)Ni(μ-Br)₂Ni(allyl)] (3・20)

③ $Na_2[PdCl_4]$ + ⌒⌒CH_3 ⟶ $Na^+\begin{bmatrix} Pd\ H \\ Cl_3 \end{bmatrix}$

⟶ [(allyl)Pd(μ-Cl)₂Pd(allyl)] (3・21)

④ (cyclohexadiene)$PdCl_2$ + CH_3OH ⟶ [(η³-methoxycyclohexenyl)PdCl]₂ (3・22)

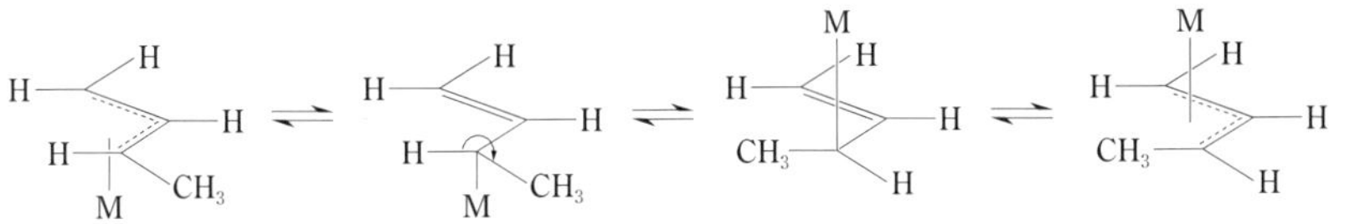

図 3・5 クロチル錯体の異性化

π-アリル錯体中のアリル配位子は一般的に溶媒中では容易に異性化を起こす．異性化は η^1-アリル中間体を経る η^3-η^1-η^3 転位によって進行する．クロチル錯体の例を図 3・5 に示す．

3・2 典型金属化合物の合成法と性質

3・2・1 有機リチウム化合物

有機リチウム化合物は溶媒中において多量体を形成して安定化している．たとえばメチルリチウムは THF 中で四量体として存在している(図 3・6)．n-BuLi，CH_2=CHLi ならびに PhLi はそれぞれ THF 中で四量体，三量体，二量体で存在する．これに対し $PhCH_2Li$ は単量体として存在している．有機基がかさ高いほど会合度は小さくなる．THF 中において，s-BuLi は二量体，そして t-BuLi は単量体として存在する．会合度は溶媒の種類によって影響をうける．非配位性の炭化水素溶媒中では会合度は高くなる．n-BuLi はシクロヘキサン中では六量体，s-BuLi はシクロペンタン中で四量体，t-BuLi もヘキサン中では四量体を形成する．溶媒の配位力が強くなると会合度は低下する．また，多量体を形成しているリチウム化合物にテトラメチルエチレンジアミン(TMEDA)やヘキサメチルリン酸トリアミド(HMPA)，$[(CH_3)_2N]_3P=O$ などを添加すると単量体のアミンやアミド錯体となり，その反応性は著しく高くなる．

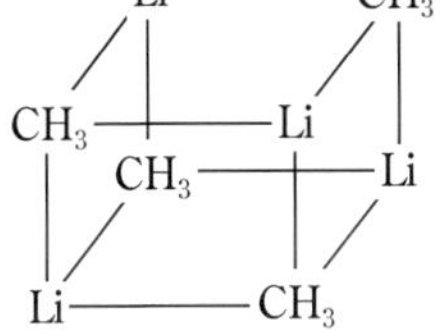

図 3・6 メチルリチウムの四量体

3 有機金属化合物の合成法と性質

有機リチウム化合物は次の四つの方法で合成される.

a. ハロゲン化物からの直接法

$$n\text{-BuCl} + 2\text{Li} \longrightarrow n\text{-BuLi} + \text{LiCl} \qquad (3\cdot23)$$

実験室でもっともよく使用されるのがブチルリチウムである.最近は企業においても工業的に使用されるようになった.1960年代から70年代のはじめまでは,研究室で自分達の手で調製していたが,現在では市販されていて簡単に入手できる.ヘキサンやシクロヘキサンのような無極性溶媒中でリチウム金属の分散系に塩化ブチルを加えることによって調製できる.式(3・23)からわかるように塩化ブチルに対して2 molのリチウムが必要であり,ブチルリチウムと当量の塩化リチウムが副生する.n-BuLiと同様にs-C_4H_9Liならびにt-C_4H_9Liも調製できるが,これらも市販されている.これら以外にも試薬カタログに記載されている有機リチウム化合物を探してみると,CH_3Li,$PhLi$,CH_2=$CHLi$などがある.

b. 水素-金属交換(有機リチウム化合物による活性プロトンの引抜き)

酸性度の大きい水素をもつ化合物に対して強塩基である有機リチウム化合物を作用させると水素の引抜きが起こり,新しい有機リチウム化合物が生成する[式(3・24)].

$$R^1\text{—H} + R^2\text{Li} \longrightarrow R^1\text{—Li} + R^2\text{—H} \qquad (3\cdot24)$$

この反応が進行するためには,基質R^1—HのpK_aの値がR^2—HのpK_aの値よりもずっと小さいことが必須である.Et—H,cyclohexyl—Hならびにt-Bu—HのpK_aの値はそれぞれ49〜50,51〜52,>52である.したがってブチルリチウムに関してはこの交換速度はt-BuLi > s-BuLi > n-BuLiの順となる.

式(3・25)に具体例をあげる.ジチアンのメチレン水素のpK_aの値は31であり,ブチルリチウムによって容易にこのメチレン水素を引抜くことができる.

$$\underset{S}{\overset{S}{\diagdown}}\!\!C\!\!\underset{H}{\overset{H}{\diagup}} + n\text{-}C_4H_9Li \longrightarrow \underset{S}{\overset{S}{\diagdown}}\!\!C\!\!\underset{Li}{\overset{H}{\diagup}} + n\text{-}C_4H_9\text{—H}$$

$$(3\cdot25)$$

また分子内にLi^+に対して配位する極性置換基を有する場合には,この置換基の配位により安定化をうける位置にある水素が選択的に引き抜かれてリチウム化合物が得られる.芳香族化合物のオルトリチオ化が代表例である[式(3・26)].

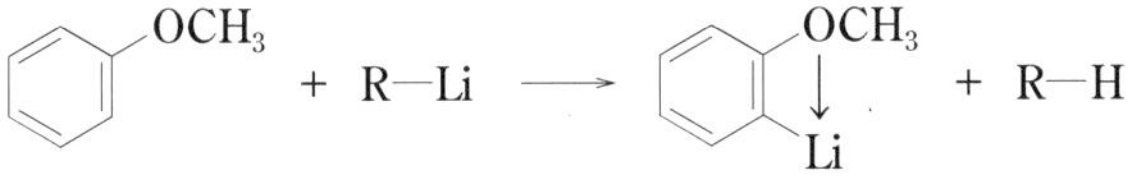

$$\text{C}_6\text{H}_5\text{OCH}_3 + \text{R-Li} \longrightarrow \text{(o-Li-C}_6\text{H}_4\text{)OCH}_3 + \text{R-H} \quad (3 \cdot 26)$$

アルキルリチウムの代わりにリチウムアルキルアミドを用いてもプロトンを引き抜くことができる．リチウムアルキルアミドの共役酸であるアルキルアミンたとえばジイソプロピルアミンの pK_a はほぼ38 である．したがって pK_a の値の比較的小さな，すなわち30 以下のプロトンは容易に引き抜かれる．リチウムアミドの塩基性は強いが，求核性は弱い．そのためシクロヘキサノンからエノラートをつくるような場合に利用されている．これに対して求核性の強いアルキルリチウムを用いると，シクロヘキサノンのケトンのカルボニル炭素を求核攻撃して付加体を与える［式(3・27)］．なおリチウムアミドは第二級アミンとブチルリチウムから容易に合成される［式(3・28)］．

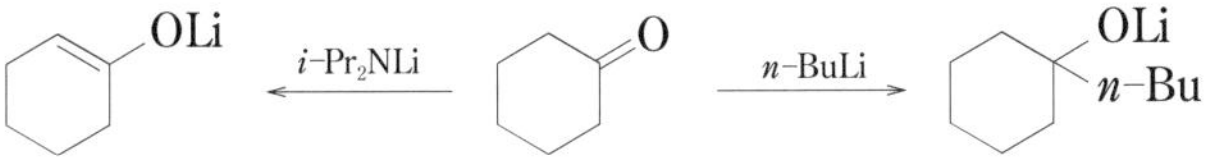

$$\text{シクロヘキセニル-OLi} \xleftarrow{i\text{-Pr}_2\text{NLi}} \text{シクロヘキサノン} \xrightarrow{n\text{-BuLi}} \text{シクロヘキシル(OLi)(}n\text{-Bu)} \quad (3 \cdot 27)$$

$$i\text{-Pr}_2\text{NH} + n\text{-BuLi} \longrightarrow i\text{-Pr}_2\text{NLi} + n\text{-Bu-H} \quad (3 \cdot 28)$$

リチウムジイソプロピルアミド(LDA)

なお金属エノラートは厳密な意味では有機金属化合物ではない．狭義では有機金属化合物とは炭素−金属結合をもつ化合物とされているためである．しかしリチウムエノラートには図3・7のような平衡があり，その存在比率は少ないにしても炭素−リチウム結合をもつ化合物として考えられないこともない．多くの金属エノラートについて炭素−金属結合をもつ型と酸素−金属結合をもつ型の間に平衡があり，その偏りは金属に依存している．リチウムの場合にはほぼ100% 酸素−リチウム結合型であるのに対し，スズの場合には炭素−スズ結合型が100% である．またレフォルマトスキー(Reformatsky)反応剤 $\text{BrZnCH}_2\text{COO-}t\text{-Bu}$ の場合にはカルボニル酸素が分子間配位した二量体が結晶として単離されており(3・2・3項参照)，炭素−金属型と酸素−金属型が1:1となっている．本書では金属エノラー

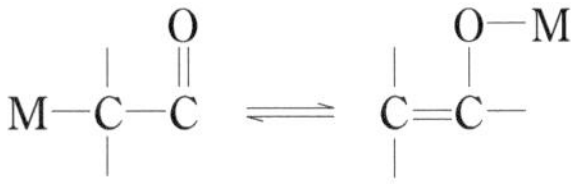

$$\underset{\text{M-C-C}}{\overset{\text{O}}{\|}} \rightleftharpoons \underset{\text{C=C}}{\overset{\text{O-M}}{|}}$$

図3・7 炭素−金属結合型と酸素−金属型との間の平衡

トを有機金属化合物の一つとして取扱うこととする.

c. **ハロゲン-金属交換による方法**

　有機ハロゲン化物とアルキルリチウムの間のハロゲン-リチウム交換によって有機リチウム化合物を得ることができる. 式(3・29)の例においては, ヨウ素だけが選択的にハロゲン-金属交換反応をうけ, 塩素は反応せずそのまま残る. また, ハロゲン化アルケンの場合には, その立体化学は保持される[式(3・30)].

$$\text{Cl-C}_6\text{H}_4\text{-I} + n\text{-BuLi} \longrightarrow \text{Cl-C}_6\text{H}_4\text{-Li} + n\text{-BuI} \tag{3・29}$$

$$\begin{array}{c}\text{R} \quad \text{H} \\ \text{C=C} \\ \text{H} \quad \text{Br}\end{array} + t\text{-BuLi} \longrightarrow \begin{array}{c}\text{R} \quad \text{H} \\ \text{C=C} \\ \text{H} \quad \text{Li}\end{array} + t\text{-BuBr} \tag{3・30}$$

d. **金属交換反応(トランスメタル化反応)**

　アリルリチウムやベンジルリチウムのような反応性が高すぎるものは対応するハロゲン化物から直接法では合成できない. たとえば臭化アリルとリチウム金属からアリルリチウムを調製しようとすると, 生成したアリルリチウムが系中に存在する臭化アリルと反応して1,5-ヘキサジエンを生成してしまう. このような場合にはリチウムよりも電気陰性度の大きい金属を用いて有機金属化合物をまず合成しておいて, 続いてこのものとのトランスメタル化によって合成することができる. 水素-金属交換のときと同様に, 新しく生成する$(R^1)^-$は$(R^2)^-$よりも塩基性の低いもの, すなわちヘテロ原子や二重結合などで安定化されたものでなければ反応の進行は遅い[式(3・31)〜(3・33)].

$$[R^1\text{-M} + R^2\text{Li} \longrightarrow R^1\text{-Li} + R^2\text{-M}] \tag{3・31}$$

$$\diagup\!\!\!\diagdown\text{SnPh}_3 + \text{PhLi} \longrightarrow \diagup\!\!\!\diagdown\text{Li} + \text{Ph}_4\text{Sn} \tag{3・32}$$

$$\text{(allylic OSnBu}_3\text{ compound)} + n\text{-BuLi} \longrightarrow \text{(allylic OLi intermediate)} \longrightarrow$$

$$\text{(allylic LiO compound)} \xrightarrow{\text{H}^+} \text{(allylic HO compound)} \tag{3・33}$$

リチウムと同族であるナトリウムやカリウムでは対応するアルキル金属化合物を得ることは難しい．たとえば，ハロゲン化物からの直接法ではハロゲン化アルキルと反応して，いったんアルキルナトリウムやアルキルカリウムなどのアルキル金属種を生成するが，このもののハロゲン化アルキルに対する反応性が高いためウルツ(Wurtz)型のカップリング反応を起こしてしまうからである[式(3・34)]．アルキルナトリウムやアルキルカリウムの高い反応性は，有機リチウム化合物が多量体として存在するのに対し，単量体として存在していることに基づいている．アルキルリチウムはエーテルやヘキサン溶媒に溶解するのに対し，RNaやRKは，このような溶媒にはほとんど溶けず，固体であり炭化水素中においても分解する．

$$\text{RNa} + \text{RX} \longrightarrow \text{R−R} + \text{NaX} \quad (\text{ウルツ型カップリング})$$
(3・34)

3・2・2 有機マグネシウム化合物（グリニャール反応剤）

グリニャール(Grignard)反応剤をエーテル中で結晶化させると$C_6H_5MgBr[O(C_2H_5)_2]_2$構造の単量体，あるいは$(C_2H_5MgBr)_2[O(C_2H_5)_2]_2$構造の二量体となることが多い．溶液中では，シュレンク(Schlenk)平衡が存在する(図3・8)．たとえば，エチルグリニャール反応剤のTHF溶液の^{25}Mg NMRを測定すると，37℃では$(C_2H_5)_2Mg$，C_2H_5MgX，MgX_2が別々に観測されるが，67℃ではそれらの間の速い平衡のため1本のピークとして現れる．平衡定数は$K=0.2$である．このように，グリニャール反応剤の溶液構造は単純ではないが，便宜上，経験式RMgXで表現されている．RMgXの溶液にジオキサンを加えると，MgX_2が溶媒和されて析出することで平衡がずれ，R_2Mgの溶液が得られる．

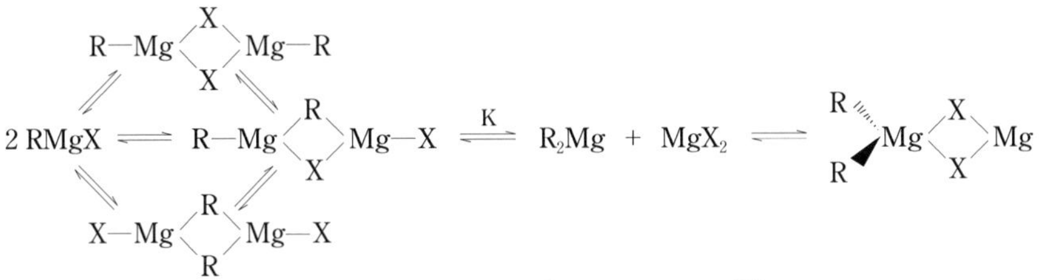

図3・8 グリニャール反応剤のシュレンク平衡

グリニャール反応剤の会合状態も，有機リチウムと同様に有機基の性質，溶媒，濃度，温度などにより変化する．たとえば，THF 中では広い濃度範囲で RMgX(thf)$_2$ 構造を有する単量体として存在するが，エーテル中では濃度の低い場合にのみ単量体として存在する(図 3・9(a))．アリルグリニャール反応剤は，溶媒中でも η^1 構造を有し，TMEDA 存在下では(図 3・9(b))のような二量体として結晶化する．ジエチルマグネシウム $(C_2H_5)_2Mg$ は結晶状態では鎖状ポリマー構造(図 3・9(c))をとる．

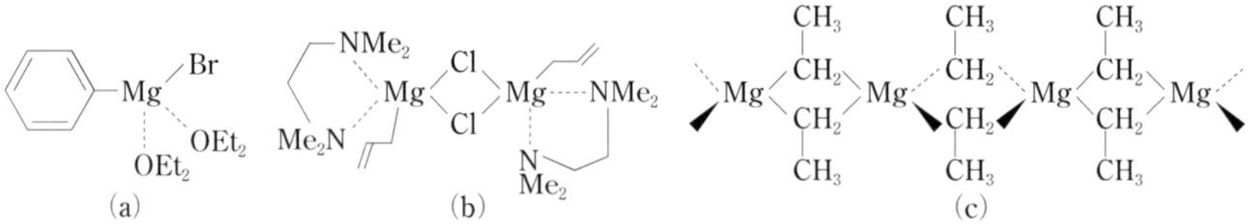
Mg
Br
OEt2
OEt2
(a)
NMe2
Me2N
Mg
Cl
Cl
Mg
NMe2
N
Me2
(b)
CH3
CH2
Mg
(c)

図 3・9　グリニャール反応剤の構造

有機マグネシウム化合物の合成法には，有機リチウム化合物の合成法と同様に直接法以外にハロゲン–金属交換法ならびにトランスメタル化法がある．

a.　ハロゲン化物とマグネシウム金属からの直接法

1900 年に Grignard は金属マグネシウムとヨウ化メチルからヨウ化メチルマグネシウムが生成することを見出した．この反応のもとになったのはヨウ化メチルとケトンの混合物に金属マグネシウムを加えた反応である[式(3・35)]．

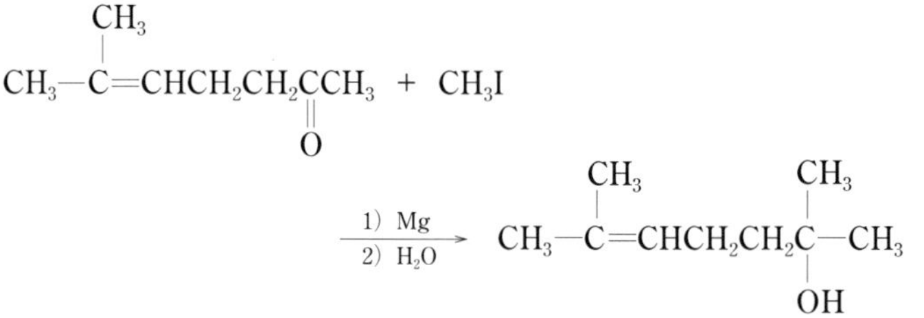
CH3
CH3—C=CHCH2CH2CCH3 + CH3I
O
1) Mg
2) H2O
CH3—C=CHCH2CH2C—CH3
OH

(3・35)

ケトンの共存下にハロゲン化アルキル(ヨウ化メチル)と金属マグネシウムを加えるこの方法は，現在ではバルビエール(Barbier)型反応とよばれている．フラスコ内でハロゲン化アルキルマグネシウムが生成し，これが続いてケトンと反応したと考えられる．Grignard のすばらしいところはこの反応系からハロゲン化アルカンと金属マグネシウムだけを取り出し，両者の間で有機金属化合物が調製できることを示した点にある[式(3・36)]．

$$CH_3I + Mg \longrightarrow CH_3MgI \qquad (3\cdot36)$$

反応の前後をみると，マグネシウム金属がヨウ化メチルの炭素-ヨウ素間に挿入した形になっている．それではその反応機構はどうだろうか．光学活性なハロゲン化物を出発原料としてグリニャール反応剤を調製し，CO_2 と反応させると，ほぼラセミ化したカルボン酸が得られる［式(3・37)の a)］．これに対して一度リチウム化合物としたのち，$MgBr_2$ を加えて金属交換によって調製したグリニャール反応剤は CO_2 で処理すると光学純度が 100% 保持されたカルボン酸を与えるという結果となった［式(3・37)の b)］．

$$\begin{array}{c} \text{Ph} \diagdown \quad \diagup \text{Br} \\ \text{Ph} \diagup \quad \diagdown \text{Me} \\ 100\% \text{ee} \end{array} \xrightarrow[\text{b) } n\text{-BuLi, MgBr}_2, CO_2]{\text{a) Mg/Et}_2\text{O, }CO_2} \begin{array}{c} \text{Ph} \diagdown \quad \diagup \text{COOH} \\ \text{Ph} \diagup \quad \diagdown \text{Me} \\ \text{a) } 10\sim15\%\text{ee} \\ \text{b) } 100\%\text{ee} \end{array} \qquad (3\cdot37)$$

上の実験からグリニャール反応剤の生成は 1 電子移動を含むラジカル反応過程であることが結論づけられ，式(3・38)のような反応機構が提案されている．

$$RX + Mg \longrightarrow RX^{\overset{-}{\cdot}} + Mg^{\overset{+}{\cdot}} \longrightarrow R\cdot + X^- + Mg^{\overset{+}{\cdot}}$$
$$\longrightarrow R\cdot + \cdot MgX \longrightarrow RMgX \qquad (3\cdot38)$$

ハロゲン化アルキル，ハロゲン化アルケンならびにハロゲン化アリールとマグネシウム金属からそれぞれ対応するグリニャール反応剤が容易に調製できる．反応性の低いハロゲン化物の場合は，前もって活性化したマグネシウム金属を用いる必要がある．現在では多くのグリニャール反応剤が市販されている．それらを試薬カタログから拾い上げると MeMgI，EtMgBr，n-C_3H_7MgCl，n-BuMgCl，s-BuMgCl，t-BuMgCl，n-C_5H_{11}MgCl，n-C_6H_{13}MgCl，n-C_8H_{17}MgBr，n-$C_{10}H_{21}$MgBr，n-$C_{12}H_{25}$MgBr，PhMgBr，o-TolylMgBr，m-TolylMgCl，p-TolylMgBr，2-$MeOC_6H_4$MgBr，3-$MeOC_6H_4$MgBr，4-$MeOC_6H_4$MgBr，Me_3SiCH_2MgCl，CH_2=CHMgBr など多岐にわたっている．

b. ハロゲン-金属交換による方法

MeMgI や n-BuMgBr よりも反応性の高い i-PrMgBr を用いるとハロゲン化アリールのハロゲンをマグネシウム金属で変換することができる［式(3・39), (3・40)］．

$$\text{NC-C}_6\text{H}_4\text{-I} + i\text{-PrMgBr} \longrightarrow \text{NC-C}_6\text{H}_4\text{-MgBr} \tag{3・39}$$

$$\text{F}_4\text{C}_6\text{H-Br} + i\text{-PrMgBr} \longrightarrow \text{F}_4\text{C}_6\text{H-MgBr} \tag{3・40}$$

しかしながらこの反応では基質として利用できる芳香族ハロゲン化物は電子求引基をもつものに限られ,電子供与基を置換基としてもつヨウ化アリールや臭化アリールでは交換反応が進行しない.これに対してマグネシウムのアート錯体(金属化合物に陰イオンが配位して配位数が高くなった錯体)を用いると,ヨードアニソールのようなメトキシ基をもったヨウ化アリールをもマグネシウム化合物に変換することができる[式(3・41)].

$$\text{MeO-C}_6\text{H}_4\text{-I} + n\text{-Bu}_3\text{MgLi} \longrightarrow \text{MeO-C}_6\text{H}_4\text{-Mg}(n\text{-Bu})_2\text{Li} + n\text{-BuI} \tag{3・41}$$

なおマグネシウムのアート錯体はグリニャール反応剤とリチウム化合物から調製することができる[式(3・42),(3・43)].Ph_3MgLi ではその TMEDA 錯体([Li(tmeda)]$_2$[Ph$_2$MgPh$_2$MgPh$_2$])のX線構造解析がなされている.

$$Ph_2Mg + PhLi \longrightarrow Ph_3MgLi \tag{3・42}$$

$$n\text{-BuMgBr} + 2\,n\text{-BuLi} \longrightarrow n\text{-Bu}_3\text{MgLi} \tag{3・43}$$

n-Bu$_3$MgLi の代りに i-Pr(n-Bu)$_2$MgLi を用いればハロゲン化アルケンのハロゲンをマグネシウムに交換することができる.反応は立体化学を保持しながら進行する[式(3・44)].

$$\underset{H}{\overset{n\text{-C}_{10}\text{H}_{21}}{>}}C=C\underset{I}{\overset{H}{<}} + i\text{Pr}(n\text{Bu})_2\text{MgLi} \longrightarrow \underset{H}{\overset{n\text{-C}_{10}\text{H}_{21}}{>}}C=C\underset{\text{Mg}(n\text{-Bu})_2\text{Li}}{\overset{H}{<}} \tag{3・44}$$

c. 金属交換反応（トランスメタル化反応）

3・2・2a 項で述べたが，シクロプロピルリチウムに臭化マグネシウムを加えることによってシクロプロピルマグネシウムを得ることができる［式(3・45)］．この方法をトランスメタル化とよぶ．リチウム金属上のシクロプロピル基がもう一つの金属であるマグネシウム上へ移動する．すなわちシクロプロピル基がその結合相手をリチウムからマグネシウムに変換する．その一方で臭化物イオンはマグネシウムからリチウムへと移動する．このトランスメタル化では，有機基は必ず電気陰性度の小さな金属から大きな金属へと移る．この逆はない．この例では有機基であるシクロプロピル基が 1.0 の電気陰性度をもつリチウムから 1.2 の電気陰性度をもつマグネシウム上へと移動している．

$$\text{Ph}\underset{\text{Ph}}{\overset{\text{Li}}{\diagup\hspace{-0.5em}\diagdown}}\text{Me} + \text{MgBr}_2 \longrightarrow \text{Ph}\underset{\text{Ph}}{\overset{\text{MgBr}}{\diagup\hspace{-0.5em}\diagdown}}\text{Me} + \text{LiBr} \quad (3\cdot45)$$

3・2・3 有機亜鉛化合物

a. ハロゲン化物からの直接法

金属亜鉛の有機ハロゲン化物に対する反応性は，リチウムやマグネシウム金属に比べると低いため，直接法による有機亜鉛化合物の合成は反応性の高いハロゲン化物に限られる．ジヨードメタンと亜鉛から調製される反応剤はシモンズ－スミス(Simmons-Smith)反応剤とよばれ，アルケンのシクロプロパン化に利用されている［式(3・46)］．臭化アリルや α-ブロモ酢酸エステルから，それぞれ対応するアリル亜鉛反応剤や亜鉛エノラートが調製され，これらも有機合成で重宝されている［式(3・47)，(3・48)］．リチウムやマグネシウム金属を用いた場合には，生成したアリル金属種ならびにマグネシウムエノラートが未反応の臭化アリルや α-ブロモ酢酸エステルと反応してしまうのに対し，亜鉛化合物ではその反応性の低さが幸いしてこれらの金属化合物を取り出すことが可能となる．

$$\text{CH}_2\text{I}_2 + \text{Zn} \longrightarrow \text{ICH}_2\text{ZnI} \quad (3\cdot46)$$

$$\text{CH}_2=\text{CHCH}_2\text{Br} + \text{Zn} \longrightarrow \text{CH}_2=\text{CHCH}_2\text{ZnBr} \quad (3\cdot47)$$

$$\text{BrCH}_2\text{COOEt} + \text{Zn} \longrightarrow \text{BrZnCH}_2\text{COOEt} \quad (3\cdot48)$$

有機亜鉛化合物の穏やかな反応性は，種々の官能基をもった有機亜鉛化合物が調製できるという利点につながる．ここで重要なことは，いかにして活性な亜鉛を入手するかということであり，さまざまな活性化法が開発されている．こうした活性化亜鉛を用いると亜鉛金属への有機ハロゲン化物の酸化的付加による有機亜鉛化合物の調製が可能となる．ここで Rieke ならびに Knochel によって開発された亜鉛活性化法について簡単に触れる．リーケ(Rieke)亜鉛は THF 中でハロゲン化亜鉛を金属カリウムやリチウムナフタレニドで還元することによって得られる[式(3・49)]．きわめて活性が高く脂肪族ハロゲン化物だけでなく，より活性の低い芳香族ハロゲン化物も容易に対応する有機亜鉛化合物に変換することができる[式(3・50)]．種々の官能基をもった有機金属化合物が合成できる点が大きな利点である．

$$ZnCl_2 \xrightarrow[THF]{\text{ナフタレニド}} Zn^* \xrightarrow[THF]{FG\text{-}R\text{-}X} FG\text{—}R\text{—}Zn\text{—}X \quad (3・49)$$

Zn*：リーケ亜鉛，FG：官能基，X = I, Br, Cl

$$\text{EtOOC-C}_6\text{H}_4\text{-I} \xrightarrow[THF]{Zn^*} \text{EtOOC-C}_6\text{H}_4\text{-ZnI} \quad (3・50)$$

なおリーケ亜鉛を用いる亜鉛金属への脂肪族臭化物の酸化的付加反応の相対反応速度は表3・1のようになっている．

表 3・1　脂肪族臭化物の酸化的付加反応の相対反応速度

脂肪族臭化物	相対反応速度
CH₂=CHCH₂—Br	3000
PhCH$_2$Br	600
t-alkyl-Br	40
s-alkyl-Br	4
n-alkyl-Br	1
Ph-Br	0.05

ノッシェル(Knochel)亜鉛はリーケ亜鉛の調製法に比べると操作は簡単であるが活性はやや低いと考えられる．したがって芳香族ハロゲン化物との反応ではTHF に代えて非プロトン性極性溶媒が用いられる．Knochel の方法では，亜鉛粉末に THF 中で 1,2-ジブロモエタンを加え沸騰するまで加熱する．その後室温まで冷却する．この加熱と冷却をさらに 4 回繰り返す．最後に塩化トリメチルシ

リルを加えかくはんしたのち，所望のヨウ化物のTHF溶液をゆっくり滴下するというものである[式(3・51)].

$$\underset{\text{COO-}t\text{-Bu}}{\underset{|}{\text{I}}-\overset{\text{NHCOCH}_2\text{Ph}}{\overset{|}{\text{CH}}}}\xrightarrow[\text{THF}]{\text{ノッシェル亜鉛}}\underset{\text{COO-}t\text{-Bu}}{\underset{|}{\text{IZn}}-\overset{\text{NHCOCH}_2\text{Ph}}{\overset{|}{\text{CH}}}} \quad (3\cdot51)$$

b. **金属交換反応（トランスメタル化反応）**

有機リチウム化合物とハロゲン化マグネシウムからグリニャール反応剤が調製できるのと同様に，有機リチウムや有機マグネシウム化合物とハロゲン化亜鉛から有機亜鉛化合物を得ることができる[式(3・52)].

$$\text{RM} + \text{ZnX}_2 \longrightarrow \text{RZnX} + \text{MX} \quad \text{M = Li, MgX} \quad (3\cdot52)$$

このほかにジアルキル水銀と亜鉛との交換反応によって反応系中にハロゲン化物を含まないジアルキル亜鉛化合物を調製することができる[式(3・53)].

$$\text{R}_2\text{Hg} + \text{Zn} \longrightarrow \text{R}_2\text{Zn} + \text{Hg} \quad (3\cdot53)$$

ジアルキル亜鉛 R_2Zn はマグネシウム化合物と異なり単量体として存在し，一般に揮発性液体である．気相および非配位性溶媒中では直線構造を有している．図3・10にジアルキル亜鉛の配位化合物の構造をまとめた．配位数4の18電子錯体までが可能である．エーテル，アミン，ホスフィンなどが亜鉛に配位するとR—Zn—R結合角は小さくなる．たとえば，$R_2Zn(NR'_3)_2$ では145°で，全体としてはひずんだ四面体構造をとる．有機リチウム化合物などの炭素求核剤RMとの反応により，$MZnR_3$ あるいは M_2ZnR_4 型の亜鉛アート錯体(zincate)が生成する．亜鉛まわりの構造は前者が平面三角形，後者は四面体である．亜鉛-炭素結合距離は $R_2Zn < R_2Zn(NR'_3)_2 < MZnR_3$ の順におよそ193 pmから213 pmまで長く

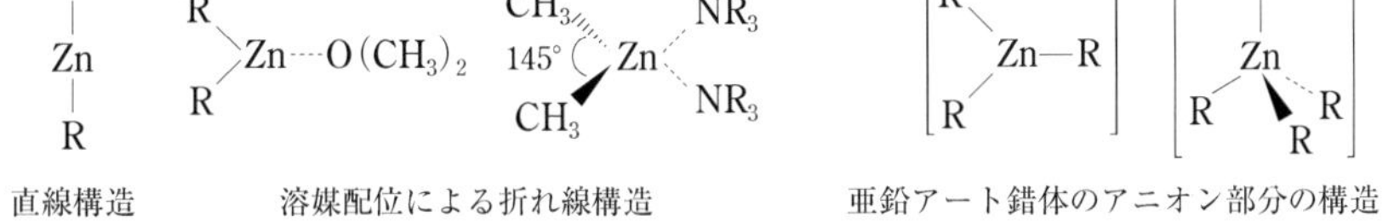

| 直線構造 | 溶媒配位による折れ線構造 | 亜鉛アート錯体のアニオン部分の構造 |

図 3・10 ジアルキル亜鉛ならびに亜鉛アート錯体の構造

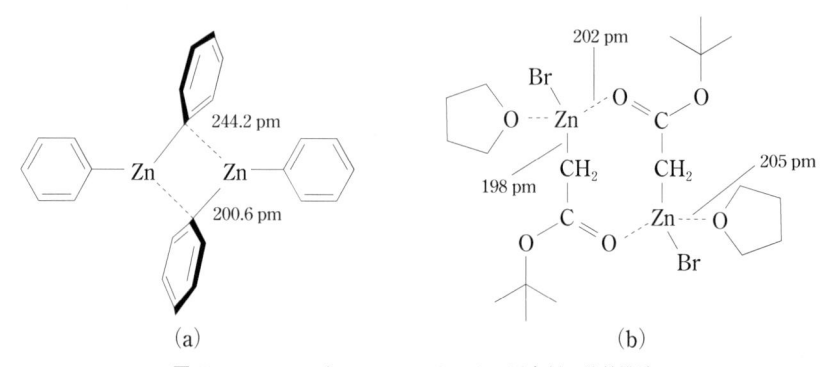

図 3・11 Ph$_2$Zn とレフォルマトスキー反応剤の結晶構造
(a) [Ph$_2$Zn]$_2$ (b) レフォルマトスキー反応剤 [t-C$_4$H$_9$O$_2$CCH$_2$ZnBr(thf)]$_2$

なり，それとともに炭素求核剤としての反応性が向上する．

ジアルケニル亜鉛化合物およびジアリール亜鉛化合物はベンゼンなどの炭化水素溶媒中では単量体であるが，ジフェニル亜鉛は結晶中では二量体として存在する(図3・11(a))．多くのジアルキニル亜鉛は固体であり，非極性溶媒への溶解度が低いことから，アルキニル基により架橋された会合多量体構造をとっていると考えられる．亜鉛上に水素のほか，ハロゲンやアルコキシ基などのヘテロ原子置換基 X を有する RZnX 型化合物は，これらを架橋配位子として会合し，四員環状二量体や六員環状三量体，立方体構造の四量体などとして存在する．RZnX 型化合物であっても，レフォルマトスキー反応剤 RO$_2$CCH$_2$ZnBr の場合には，カルボニル酸素が分子間配位した二量体として結晶化する(図3・11(b))．THF, ピリジン，ジオキサン中では二量体構造が保たれているが，ジメチルスルホキシド中では Zn—C 結合を有する単量体として存在する．

3・2・4 有機ホウ素化合物

a. ヒドロホウ素化法

炭素-炭素二重結合や三重結合に B—H 結合を付加させるヒドロホウ素化反応は有機ホウ素化合物をつくり出すのにもっとも重要な反応である．H. C. Brown によって発見，開発された反応であり，その功績によって1979年に彼はノーベル化学賞を受賞した．ジボランは，BF$_3$·OEt$_2$ と NaBH$_4$ から調製される．沸点が

−92 ℃ の気体であり,通常は取扱いの点から THF 中に溶かして $BH_3 \cdot THF$ 錯体として使用するか,あるいはより安定な $BH_3 \cdot SMe_2$ 錯体として用いられる.

アルケンとボランとの反応では一般に 3 個の B—H 結合が反応してトリアルキルボランとなる[式(3・54)].B—C 結合は短く,かさ高いアルキル基がホウ素に置換しているときは,ホウ素原子の周囲の混み合いはきわめて大きくなる.このためかさ高いアルケンを用いたときには,ヒドロホウ素化反応は二置換体あるいは一置換体で止まる[式(3・55)].さらにこうして得られたかさ高いアルキル基をもった R_2BH や RBH_2 は立体障害の小さなアルケンに対して立体選択的かつ位置選択的に付加する.

$$3\ RCH=CH_2 + BH_3 \longrightarrow (RCH_2CH_2)_3B \qquad (3 \cdot 54)$$

$$\begin{array}{c}Me\\Me\end{array}C=C\begin{array}{c}H\\Me\end{array} + BH_3 \longrightarrow \left(H-\underset{Me}{\overset{Me\ Me}{C}}-CH-\right)_2 BH \qquad (3 \cdot 55)$$

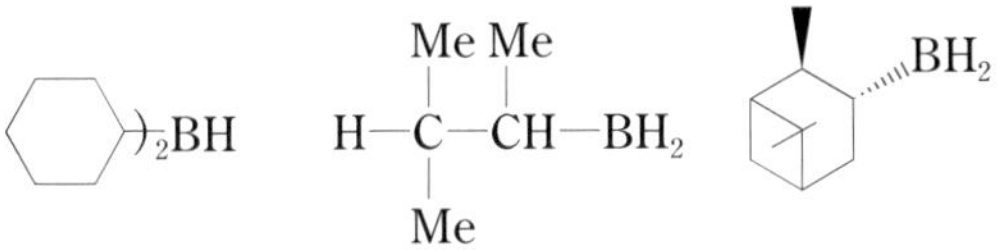

二置換体　　　　一置換体

図 3・12 に選択的ヒドロホウ素化の例をあげる.なお 9-BBN は,1,5-シクロオクタジエンとボランから得られる.末端アルケンの場合にはホウ素は選択的に末端炭素と結合する.

水素とホウ素残基は,炭素-炭素不飽和結合にシス付加する.式(3・56)で示すように B—H 付加の配向性は,ホウ素化合物がルイス(Lewis)酸であり,水素は

ホウ素の反応位置	$(CH_3)_2CH$ CH_3 $C=C$ H H		$CH_3(CH_2)_3CH=CH_2$	
$BH_3 \cdot THF$	43	57	6	94
$[(CH_3)_2CHCH(CH_3)]_2BH$	3	97	1	99
 ⎯BH(9-BBN)		99.8		99.9

図 3・12 選択的ヒドロホウ素化の例

陰イオンとして導入されることを考えれば理解できる．つまり安定な炭素陽イオンを生成する炭素に水素が付加する．反応は，通常 THF 中で行う．

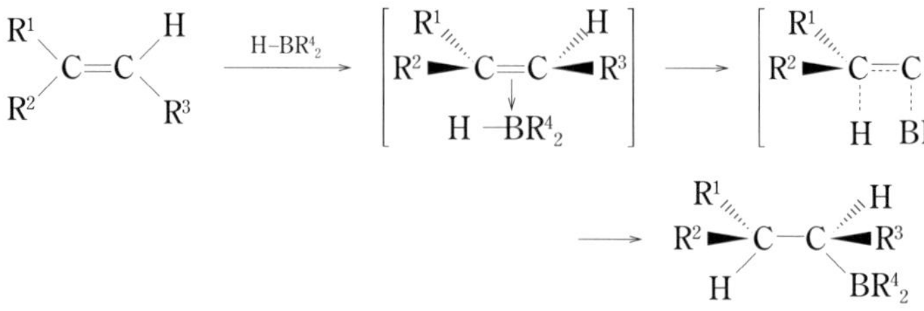

$$
\begin{array}{c}
R^1\\ \diagup\\ R^2
\end{array}C=C\begin{array}{c}
H\\ \diagdown\\ R^3
\end{array} \xrightarrow{H-BR^4_2} \left[\begin{array}{c} R^1 \\ R^2 \end{array}\blacktriangleright C=C \blacktriangleleft \begin{array}{c} H \\ R^3 \end{array} \atop H-BR^4_2 \right] \longrightarrow \left[\begin{array}{c} R^1 \\ R^2 \end{array} \blacktriangleright C - C \blacktriangleleft \begin{array}{c} H \\ R^3 \end{array} \atop H \quad BR^4_2 \right]
$$

$$
\longrightarrow \begin{array}{c} R^1 \\ R^2 \end{array} \blacktriangleright C-C \blacktriangleleft \begin{array}{c} H \\ R^3 \end{array} \atop H \quad BR^4_2 \qquad (3 \cdot 56)
$$

b. 金属交換反応（トランスメタル化反応）

ハロゲン化ホウ素あるいはアルコキシホウ素に対して有機リチウム化合物やグリニャール反応剤を作用させると C—B 結合を生成することができる［式(3・57)，(3・58)］．ホウ素の電気陰性度は 2.0 で大部分の典型金属類よりも大きいためこの変換反応は容易に進行する．ホウ素との電気陰性度の差が大きいほど反応は速く進む．その反応性は K > Na > Li > Mg > Al > Zn の順である．これに対してホウ素上の置換基の交換しやすさはハロゲン > OR > SR > NR_2 の順である．

$$BF_3 + 3\,RMgX \longrightarrow BR_3 + 3\,MgFX \qquad (3 \cdot 57)$$

$$B(OEt)_3 + 3\,PhMgBr \longrightarrow Ph_3B + 3\,BrMgOEt \qquad (3 \cdot 58)$$

トリアルキルホウ素化合物 R_3B は，単量体として存在し，一般に揮発性液体である．ホウ素化合物にはたらく電子効果を図 3・13 にまとめた．ホウ素は共有結合半径が 80 pm と小さく，ホウ素上の空の 2p 軌道と α 位の C—H 結合との間の超共役が有効にはたらき，B—C 間に二重結合性が生じるとともに，ホウ素の電子欠損性が分子内電子供与によって補われることが，単量体の安定性に寄与している．一方，アルケニル，アルキニルあるいはアリールホウ素化合物の場合には π 結合との共役が，またヘテロ原子を有する場合には非共有電子対との p_π–n 共役が効果的にはたらくため，ともに単量体として存在する．ヘテロ原子の共役

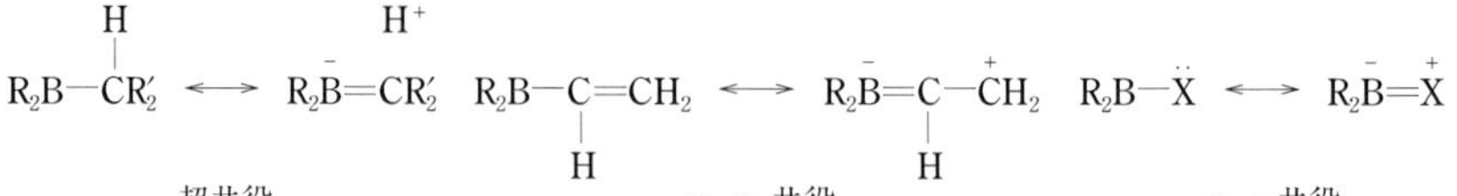

$$R_2B-CR'_2 \longleftrightarrow R_2\overset{-}{B}=\overset{+}{CR'_2} \quad R_2B-C=CH_2 \longleftrightarrow R_2\overset{-}{B}=C-\overset{+}{CH_2} \quad R_2B-\ddot{X} \longleftrightarrow R_2\overset{-}{B}=\overset{+}{X}$$
$$\qquad\qquad\qquad\qquad\qquad\qquad\quad |\qquad\qquad\qquad\qquad |$$
$$\qquad\qquad\qquad\qquad\qquad\qquad\;\;H\qquad\qquad\qquad\qquad H$$

超共役　　　　　　　　　　p_π–p_π 共役　　　　　　　　　p_π–n 共役

図 3・13　有機ホウ素化合物の構造

効果は Cl < S < O < F < N の順に大きくなる．BF_3 のほうが BCl_3 よりも強い電気陰性基をもつにもかかわらず，ルイス酸性が低いのはこの共役効果のためである．実際，F_2B—F の結合距離は 130 pm で，共有結合半径の和 152 pm よりかなり短い．

3・2・5 有機アルミニウム化合物

ホウ素と炭素の間では電気陰性度の差が小さいため，B—C 結合は極性が低く，本質的に共有結合である．これに対して，Al—C 結合の極性は高く，有機アルミニウム化合物中の有機基はカルボアニオンの反応性を示す．このため，R_3B は水に対して安定であるが R_3Al は水と激しく反応する．両者とも酸素に対しては活性で低級アルキル化合物は空気中で発火する．穏やかな条件下での酸素酸化では，R_3B からはラジカル R・が生成するのに対して，R_3Al からは $(RO)_3Al$ が生成する．

アルミニウムは共有結合半径が 130 pm と大きいため，先に述べたホウ素化合物に対してはたらいたような共役効果が有効にはたらかない．このため電子欠損性は分子間での会合によって補われる．トリメチルアルミニウムは気相中では単量体と二量体の混合物として存在するが，ベンゼン中では二量体のみとなる．しかし，エーテルやアミンが配位すると四面体構造の単量体となる．図 3・14 に二量体の構造と結合様式を示す．二量体中の架橋 Al—C 距離は通常の Al—CH_3 距離よりも少し長い．この二量体の架橋結合は，二つの Al の sp^3 混成軌道と CH_3 基の sp^3 混成軌道との重なりによる三中心二電子結合で表すことができる．

メチル基のほか，直鎖アルキル基を有する場合にも同様の二量体を形成するが，かさ高い有機基を有する $(i\text{-}C_3H_7)_3Al$ や $[(CH_3)_3CCH_2]_3Al$ などはおもに単量体と

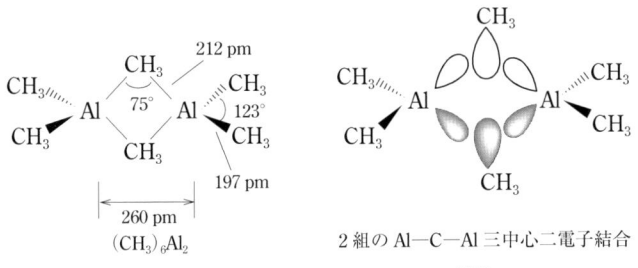

$(CH_3)_6Al_2$　　　2 組の Al—C—Al 三中心二電子結合

図 3・14　トリメチルアルミニウムの構造

して存在する．トリアルキルアルミニウム二量体の溶液挙動は NMR スペクトルにより観察できる．$[(CH_3)_3Al]_2$ の ^1H NMR スペクトルにおいて，$-50\,°C$ では架橋メチル基と末端メチル基の2種のシグナルが強度比1：2で現れるが，$-25\,°C$ で合体し，$+20\,°C$ では単一線となり，すべてのメチル基が素早く交換していることがわかる．この交換には分子内だけでなく分子間過程も含まれる．このようにアルキル基は分子間で移動しやすいので，同一アルミニウム原子上に異なる置換基を有する化合物 $R^1R^2R^3Al$ を選択的に合成することは難しい．

有機アルミニウム化合物の合成法として有機ホウ素化合物の場合と同様にヒドロアルミニウム化反応と金属交換法をあげる．

a. ヒドロアルミニウム化

水素化アルミニウムはボランと同様に炭素-炭素不飽和結合に付加してヒドロアルミニウム化反応を起こす［式(3・59)］．ヒドロホウ素化と同様にシス形，アンチ-マルコウニコフ(Markovnikov)付加で位置ならびに立体選択的に反応は進行する．ボランに比べてアランは反応性が低いため付加反応が進行するのに高温が必要である．

$$\text{>C=C<} + \text{H--Al<} \longrightarrow \text{H--C--C--Al} \qquad (3\cdot 59)$$

また炭素-アルミニウム結合は炭素-ホウ素結合よりも弱いため脱離反応を起こしやすい．そのためいったんトリアルキルアルミニウムが生成してもアルケンとアランに解離する逆反応が起こる．このことが分子内で繰り返し起こると内部アルケンの末端アルケンへの異性化反応となる［式(3・60)］．

$$CH_3CH_2CH=CHCH_2CH_3 \xrightarrow{H-Al<} CH_3CH_2CH-CHCH_2CH_3$$
（H, Al付加）

$$\xrightarrow{-H-Al<} CH_3CH_2CH_2CH=CHCH_3 \xrightarrow{H-Al<} CH_3CH_2CH_2CH-CHCH_3$$

$$\longrightarrow CH_3CH_2CH_2CH_2CH_2CH_2Al< \xrightarrow{-H-Al<} CH_3CH_2CH_2CH_2CH=CH_2 \qquad (3\cdot 60)$$

末端アルキンに対してジイソブチルアルミニウムヒドリドを作用させると付加

は位置ならびに立体選択的に進行し，1-アルケニルアルミニウム化合物が生成する[式(3・61)]．

$$RC{\equiv}CH + i\text{-}Bu_2AlH \xrightarrow[\text{ヘキサン}]{\text{加熱}} \begin{array}{c} R \\ H \end{array}\!\!C{=}C\!\!\begin{array}{c} H \\ Al\text{-}i\text{-}Bu_2 \end{array} \quad (3\cdot61)$$

b. **金属交換反応（トランスメタル化反応）**

塩化アルミニウムあるいは塩化ジエチルアルミニウムに有機リチウム化合物を作用させるとC—Al結合が生成する[式(3・62)，(3・63)]．

$$AlCl_3 + 3\,RLi \longrightarrow R_3Al + 3\,LiCl \quad (3\cdot62)$$

$$Et_2AlCl + LiC{\equiv}CR \longrightarrow Et_2AlC{\equiv}CR + LiCl \quad (3\cdot63)$$

3・2・6 有機ケイ素，有機スズ化合物

a. **ハロゲン化物からの直接法**

有機ケイ素ならびに有機スズ化合物は，ケイ素のポリマーをはじめとして実用的・工業的用途が多く，大量生産がなされている有機金属化合物である．原料であるハロゲン化物は，ケイ素やスズ単体金属にアルキルあるいはアリール塩化物を作用させる直接法によって工業的には合成されている[式(3・64)，(3・65)]．高温下に反応させるため不均化反応が起こり，多くのクロロシラン，クロロスタナンの混合物が得られる．目的物を選択的に得るには触媒や反応条件の微妙な制御が必要となり，実験室的な方法ではない．

$$MeCl + Si \xrightarrow{\text{加熱，触媒}} MeSiCl_3 + Me_2SiCl_2 + Me_3SiCl \quad (3\cdot64)$$

$$MeCl + Sn \xrightarrow{\text{加熱，触媒}} MeSnCl_3 + Me_2SnCl_2 + Me_3SnCl \quad (3\cdot65)$$

b. **金属交換反応（トランスメタル化反応）**

ハロゲン化シランやハロゲン化スズに対して有機リチウム化合物やグリニャール反応剤を作用させることでSi—C結合あるいはSn—C結合が生成する[式(3・66)，(3・67)]．アルケニルマグネシウム反応剤やアルキニルリチウムを用いると対応するアルケニルケイ素やアルキニルスズ化合物が得られる．

$$R_3SiCl + \text{CH}_2=\text{CHCH}_2MgBr \longrightarrow R_3SiCH=CH_2 \quad (3\cdot66)$$

$$R_3SnCl + MeC\equiv CLi \longrightarrow R_3SnC\equiv CMe \quad (3\cdot67)$$

ハロゲン原子を二つ以上もつケイ素化合物やスズ化合物に有機リチウム化合物やグリニャール反応剤を作用させる場合,一般的に反応を1段階めで止めることは難しい.ハロゲン原子が二つあるいは三つとも置換された生成物が得られる.これに対して t-BuLi のようなかさ高い有機リチウム化合物を用いると,金属原子まわりの混み合いが大きいために t-Bu 基が一つだけ入った化合物を得ることができる[式(3・68)].

$$Me_2SiCl_2 + t\text{-BuLi} \longrightarrow (t\text{-Bu})Me_2SiCl + t\text{-BuCl}$$
$$(t\text{-Bu})Me_2SiCl + t\text{-BuLi} \not\longrightarrow \quad (3\cdot68)$$

c. ヒドロシリル化とヒドロスタニル化

4族の水素化金属化合物であるシラン(R_3SiH)やスタンナン(R_3SnH)も3族のボラン(BH_3)や水素化アルミニウム(i-Bu_2AlH)と同様に炭素-炭素二重結合や三重結合と反応し,対応する付加体を与える.ヒドロシランと炭素-炭素不飽和化合物を,触媒を用いずに300℃に加熱すると,付加反応が進行する.反応はUV照射や過酸化物,アゾビスイソブチロニトリル(AIBN)のようなラジカル開始剤の存在下で加速される.ラジカル機構で進行するので,ケイ素ラジカルはその付加によって生成可能な二つのラジカルのうち,より安定なラジカルを生成するように付加する.式(3・69)の例では,2-トリクロロシリルオクタンは生成せず1-トリクロロシリルオクタンだけが得られる.

$$n\text{-}C_6H_{13}CH=CH_2 + HSiCl_3 \xrightarrow{(CH_3COO)_2, 45\,°C} n\text{-}C_6H_{13}CH_2CH_2SiCl_3$$
$$HSiCl_3 + CH_3COO\cdot \longrightarrow CH_3COOH + \cdot SiCl_3$$
$$n\text{-}C_6H_{13}CH=CH_2 + \cdot SiCl_3 \longrightarrow n\text{-}C_6H_{13}\dot{C}H-CH_2SiCl_3$$
$$n\text{-}C_6H_{13}\dot{C}H-CH_2SiCl_3 + HSiCl_3 \longrightarrow n\text{-}C_6H_{13}CH_2CH_2SiCl_3 + \cdot SiCl_3$$
$$(3\cdot69)$$

このように反応は位置選択的に進行するが立体選択性は低い.すなわち,三重結合との反応では E 体ならびに Z 体のアルケンの異性体混合物を与える[式(3・70)].さらにラジカル重合しやすいスチレンやアクロレインのような基質の場合

には，重合体が生成する．

$$RC\equiv CH \xrightarrow{HSiCl_3}{(CH_3COO)_2} \begin{array}{c}R\\H\end{array}C=C\begin{array}{c}H\\SiCl_3\end{array} + \begin{array}{c}R\\H\end{array}C=C\begin{array}{c}SiCl_3\\H\end{array}$$

$$\xrightarrow{3\ MeMgBr} \begin{array}{c}R\\H\end{array}C=C\begin{array}{c}H\\SiMe_3\end{array} + \begin{array}{c}R\\H\end{array}C=C\begin{array}{c}SiMe_3\\H\end{array} \quad (3\cdot70)$$

しかしながら，こうした欠点は遷移金属触媒を用いることによって改善される．白金触媒存在下に1-ヘキシンとトリクロロシランを反応させると，水素とシリル基は立体選択的にシン付加する．しかしながら，この場合にはラジカル反応の場合とは逆に位置異性体の混合物を与える［式(3・71)］．反応温度を低く保つことによって，(E)-1-トリクロロシリル-1-ヘキセンの選択性を高めることができる．トリクロロシランは不安定なため，反応終了後メチルマグネシウム化合物を加え，トリメチルシリル体として単離する．

$$RC\equiv CH \xrightarrow[H_2PtCl_6]{HSiCl_3} \xrightarrow{3\ MeMgBr} \underset{80\%}{\begin{array}{c}R\\H\end{array}C=C\begin{array}{c}H\\SiMe_3\end{array}} + \underset{4\%}{\begin{array}{c}R\\Me_3Si\end{array}C=C\begin{array}{c}H\\H\end{array}}$$
$$R = n\text{-}C_4H_9 \quad\quad\quad\quad\quad\quad\quad\quad\quad\quad\quad\quad\quad\quad\quad\quad (3\cdot71)$$

一方，ヒドロスタニル化は，ヒドロシリル化に比べてより穏和な条件で進行する．1-アルキンとスタンナン，n-Bu$_3$SnH あるいは Ph$_3$SnH を 100〜130 °C に加熱すると，アルケニルスズ化合物が得られる．触媒を用いないヒドロシリル化と同様に，ラジカル機構で進行し，E 体と Z 体の異性体混合物が生成する．アゾビスイソブチロニトリルや Et$_3$B などのラジカル開始剤の共存下で反応を行うと，より穏和な条件で進行する．アゾビスイソブチロニトリルは 100 °C 程度の加熱によって分解し，(CH$_3$)$_2$ĊCN ラジカルを発生する．また Et$_3$B は微量の酸素が存在すると，容易にエチルラジカルを発生し，−78 °C といった低温でもラジカル反応を開始させることができる．

トリエチルボランから発生したエチルラジカルの作用によって生成したスズラジカルが，1-アルキンに付加しビニルラジカルを与える［式(3・72)〜(3・76)］．このビニルラジカルがスタンナンから水素を引抜き，スズラジカルを再生しながら Z 体のアルケニルスズを生成する［式(3・77)］．こうして生成した Z 体のアル

ケニルスズに対して，さらにスズラジカルが付加・脱離を起こすことによってアルケニルスズの Z 体が E 体に異性化する [式(3・78)]．最終的に熱力学的平衡に達し E 体と Z 体がおよそ 8:2 の混合物として得られる．この異性化の機構は純粋な E 体，Z 体のアルケニルスズを出発物質として，それぞれ Ph_3SnH と Et_3B/O_2 を作用させるといずれも $E/Z=8:2$ の異性体混合物になる実験事実によって支持されている．

エチルラジカルの発生

$$Et_3B + O_2 \longrightarrow Et\cdot + Et_2BOO\cdot \quad (3\cdot72)$$

$$Et\cdot + O_2 \longrightarrow EtOO\cdot \quad (3\cdot73)$$

$$EtOO\cdot + Et_3B \longrightarrow Et_2BOOEt + Et\cdot \quad (3\cdot74)$$

ラジカル的ヒドロスタニル化

$$Ph_3SnH + Et\cdot \longrightarrow Ph_3Sn\cdot + Et-H \quad (3\cdot75)$$

$$Ph_3Sn\cdot + RC\equiv CH \longrightarrow \underset{H}{\overset{R}{C}}=C\underset{H}{\overset{SnPh_3}{}} \quad (3\cdot76)$$

$$\underset{H}{\overset{R}{C}}=C\underset{H}{\overset{SnPh_3}{}} + Ph_3SnH \longrightarrow \underset{H}{\overset{R}{C}}=C\underset{H}{\overset{SnPh_3}{}} + Ph_3Sn\cdot \quad (3\cdot77)$$

アルケンの異性化

$$\underset{H}{\overset{R}{C}}=C\underset{H}{\overset{SnPh_3}{}} \underset{Ph_3Sn\cdot}{\rightleftharpoons} \underset{H}{\overset{R}{C}}-C\underset{SnPh_3}{\overset{SnPh_3}{}} \underset{-Ph_3Sn\cdot}{\rightleftharpoons} \underset{H}{\overset{R}{C}}=C\underset{SnPh_3}{\overset{H}{}} \quad (3\cdot78)$$

アルケニルスズ化合物は，アルケニル基の立体化学を保持したまま選択的にハロゲン化アルケニルやアルケニルメタルに変換することができるので非常に有用な合成中間体である．

d. シリルエノールエーテルの合成

有機ケイ素化合物は有機合成にとって非常に有用である．なかでもアリルシラン，ビニルシランとともにシリルエノールエーテルは，アルデヒドやケトンのエノラート等価体として重宝されている．エノラートの合成においてまず問題にな

3・2 典型金属化合物の合成法と性質

るのは位置選択性である．2-メチルシクロヘキサノンに塩基を作用させ Me_3SiCl で捕捉する反応を例にとって考えてみる［式(3・79)］．カルボニルのα位が2ヶ所あり，塩基を作用させたときに引抜かれるプロトンが2種類ある．一方はメチレンプロトンでもう一方はメチンプロトンである．メチレンプロトンのほうがメチンプロトンよりも引抜きやすい．立体的要因ならびにメチル基が電子供与基であることによるメチンプロトンの酸性度への影響である．メチンプロトンのほうがメチレンプロトンに比べて酸性度が低い．したがって LDA のような塩基を作用させるとメチレンプロトンが選択的に引抜かれる（動力学的支配による制御）．これを反応系中に共存させておいた Me_3SiCl が捕捉することによって炭素二置換のシリルエノールエーテルが生成する．これに対して DMF 中，塩基として Et_3N を用い Me_3SiCl でシリル化するとメチンプロトンが引抜かれて生成するエノラートが主生成物として得られる．この場合には反応は熱力学的な制御によって進行する．いったん生成したエノラートとアンモニウム塩（Et_3N^+H）との間の反応でもとに戻る過程がある．メチンプロトンが引抜かれたエノラートとメチレンプロトンが引抜かれたエノラートの間に平衡が存在し，熱力学的により安定な炭素三置換エノラートが主生成物となる．

$$\text{(3・79)}$$

a) LDA, Me_3SiCl, THF　　99 : 1
b) Et_3N, Me_3SiCl, DMF　　22 : 78

上記の方法以外にα，β不飽和ケトンやエステルへのヒドロシリル化反応や共役付加反応を用いる方法がある［式(3・80)，(3・81)］．

$$\text{(3・80)}$$

$$\text{(3・81)}$$

3・2・7 有機銅化合物

金属交換反応(トランスメタル化)

　有機銅化合物は 1 価の銅塩 CuX と有機リチウム,有機マグネシウム,あるいは有機亜鉛化合物との反応によって調製される.調製法や銅塩 CuX と RLi,RMgX あるいは R_2Zn,RZnX との比率,X や金属の性質などによって生成する有機銅化合物の組成,構造,反応性が異なる.熱的に不安定で酸素や湿気に対して鋭敏であるため構造の解析が難しく,不明な点も多い.しかしながらその有用性から有機合成化学的には非常によく用いられている.

　(i) 化学量論反応剤(モノアルキル銅)　RCu 型の反応剤は Cu(I)塩と等モル量の RLi や RMgX との反応によって得られる.会合体を形成しエーテルなどの有機溶媒に不溶である.メチルリチウムと Cu(I)塩から生成するメチル銅(CH_3Cu)はエーテル中で黄色沈殿となる.これは $-15\,°C$ 以上で分解する.配位性溶媒中では自己会合が解けて溶解性が向上し,安定性ならびに反応性も大きくなる.トリフェニルホスフィンやジメチルスルフィドなどの配位性化合物の添加によっても安定性,反応性が向上する.ジメチルマグネシウムとヨウ化銅(I)からメチル銅を得る反応を式(3・82)に示す.

$$(CH_3)_2Mg + 2\,CuI \xrightarrow{\text{エーテル}} 2\,CH_3Cu + MgI_2 \qquad (3・82)$$

　(ii) 対称型銅アート錯体(ホモクプラート)　R_2CuM で示される対称型銅アート錯体は CuX と 2 当量の RM との反応によって得られる.溶解性,安定性,求核性いずれも RCu に比べて高い.$(CH_3)_2CuLi$ はエーテルに可溶で $0\,°C$ まで安定である.$-15\,°C$ で CuI のエーテル懸濁液に CH_3Li を滴下する.はじめの 1 当量を加え終わったところで黄色い沈殿が生成するがさらにつづいて 2 当量まで加えると $(CH_3)_2CuLi$ の無色透明の溶液が得られる[式(3・83)].

$$2\,CH_3Li + CuI \xrightarrow{\text{エーテル}} (CH_3)_2CuLi + LiI \qquad (3・83)$$

　アート錯体の安定性は有機リチウム化合物の安定性と類似の傾向がある.有機リチウム化合物の安定性は $PhLi > CH_3Li > EtLi$ の順になっており,第二級,第三級のアルキルリチウムは不安定である.したがって有機銅アート錯体の安定性も $Ph_2CuLi > Me_2CuLi > Et_2CuLi$ の順であり,Me_2CuLi が $0\,°C$ でも安定なのに

対し，Et_2CuLi は $-20\,°C$ 以下で使用しなければならない．s-Bu_2CuLi, t-Bu_2CuLi はより不安定である．

(iii) **非対称型銅アート錯体** R_2CuLi において二つの R 基のうち一つしか実際の反応には使われない．そのため経済的な観点から考え出されたのが非対称型銅アート錯体である．対称型アート錯体に比べて反応性は低いが，安定性は高い．$RCu(C{\equiv}CR')Li$ においてアルキニル基は反応しない．

ヘテロ銅アート錯体 $RCu(OR')Li$ や $RCu(SR')Li$ も同様の目的で開発されたアート錯体である．$CuOR'$ や $CuSR'$ と等モル量の有機リチウムやグリニャール反応剤から調製される．対称型アート錯体よりも求核性は低いが熱安定性は高い．

$CuCN$ と 2 モル量の RLi とから得られる $Li_2CuR_2(CN)$ で表されるヘテロアート錯体は，高次シアノアート錯体とよばれていたが，その構造については今なお不明なところが多く議論が続いている．しかしながら従来の反応剤に比べ安定性が高く，とくにハロアルカンとの反応において高い反応性を示し，合成化学的には有用で広く利用されている．

ホモクプラート $LiCuR_2$ は二量体 $Li_2Cu_2R_4$ として結晶化し，$(RCu)_4$ 四量体と類似の構造をもつ（図 3・15）．リチウム原子には通常 THF やスルフィドなどが配位している．

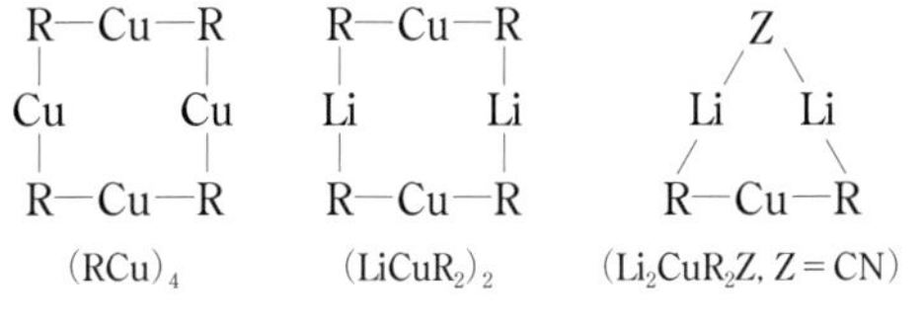

```
 R—Cu—R      R—Cu—R         Z
 |   |        |   |         / \
 Cu  Cu       Li  Li       Li  Li
 |   |        |   |         \ /
 R—Cu—R      R—Cu—R       R—Cu—R
  (RCu)₄      (LiCuR₂)₂   (Li₂CuR₂Z, Z=CN)
```

図 3・15 アルキル銅ならびに銅アート錯体の構造

高次シアノクプラートとよばれる化合物の結晶構造は不明である．溶液構造として，シアノ基が銅原子上でなく，リチウム原子と結合した構造が提案されている．これが正しければ，"高次クプラート" の範ちゅうには入らない．ほかのクプラートなどについても溶液中の構造は単純ではない．

3・2・8 有機水銀化合物

アルキル水銀化合物は一般に熱的に安定で，また水によっても分解されにくいので空気中で取扱うことができる．有機水銀は毒性がきわめて高いので，これら

を用いて反応を行う場合には有機水銀中間体を単離することなく最終生成物を得ることが望ましい．その取扱いには最大限の注意を払いほかに代わりとなる方法がある場合や，特別な目的がない限り使用は避けるべきである．

有機水銀化合物 RHgX の合成法は次の二つに大別される．① トランスメタル化と ② ヘテロメタレーション反応である．①のトランスメタル化法では，有機アルカリ金属化合物と HgX_2 との反応によってアルキル水銀を得ることができる［式(3・84)］．

$$RM + HgX_2 \longrightarrow RHgX + MX \quad M=Li, Na, MgX \quad (3・84)$$

有機合成的に重要な反応の一つは第2の方法に属するオキシ水銀化反応である．たとえば水中で1-メチルシクロヘキセンに酢酸水銀を作用させるとオキシ水銀化によってヒドロキシ基の置換したシクロヘキシル水銀化合物を得ることができる［式(3・85)］．反応はアンチ付加でしかも位置選択的に進行する．この生成物を塩基存在下に水素化ホウ素ナトリウムで還元することによって1-メチルシクロヘキサノールが得られる．この生成物は出発物質の1-メチルシクロヘキセンにマルコウニコフ則に従った水和反応を行ったときに得られる生成物と同じである．

$$(3・85)$$

このように，オキシ水銀化−脱水銀化反応は酸触媒によるアルケンの水和反応の別法であるが，酸触媒反応に比べて大きな利点をもっている．酸触媒下の反応ではカルボカチオンを中間体として反応が進行する．そのために基質によっては，このカルボカチオンの段階で転位を起こし副生成物を与える場合がある．これに対しオキシ水銀化−脱水銀化法ではカルボカチオンを経由しないのでこの副反応が抑えられる．3-メチル-1-ペンテンを酸触媒下で水和したときとオキシ水酸化−脱水銀化法で処理したときの生成物を考えてみる．酸触媒の反応ではまず末端アルケン炭素を H^+ が攻撃し，第二級のカルボカチオンが生成する．次に転位が起こりより安定な第三級のカチオンが生成したあとで水分子が付加することで3-メチル-3-ペンタノールが主生成物として得られる［式(3・86)］．一方，オキシ水

銀化-脱水銀化法では3-メチル-2-ペンタノールが単一生成物として得られる［式(3・87)］.

$$CH_2=CH-CH(CH_3)-CH_2CH_3 \xrightarrow{H^+} CH_3\overset{+}{C}HCH(CH_3)CH_2CH_3$$

$$\xrightarrow{転位} CH_3CH_2\overset{+}{C}(CH_3)CH_2CH_3 \xrightarrow{H_2O} CH_3CH_2-\underset{\overset{+}{O}H_2}{\overset{CH_3}{C}}-CH_2CH_3$$

$$\xrightarrow{-H^+} CH_3CH_2-\underset{OH}{\overset{CH_3}{C}}-CH_2CH_3 \quad (酸による水和) \quad (3・86)$$

$$CH_2=CH-CH(CH_3)-CH_2CH_3 \xrightarrow[H_2O]{Hg(OAc)_2} \underset{HgOAc}{CH_2}-\underset{}{\overset{OH}{CH}}-CH(CH_3)CH_2CH_3$$

$$\xrightarrow[NaOH]{NaBH_4} CH_3\underset{}{\overset{OHCH_3}{CH-CH}}CH_2CH_3 \quad (オキシ水銀化-脱水銀化法) \quad (3・87)$$

アルキン類に対するオキシ水銀化も同様に進行し，アルケニル水銀化合物が得られる［式(3・88)］.

$$CH_3C\equiv CCH_3 \xrightarrow[2) KCl]{1) Hg(OAc)_2, AcOH} \underset{AcO}{\overset{CH_3}{>}}C=C\underset{CH_3}{\overset{HgCl}{<}} \quad (3・88)$$

3・2・9　有機チタン化合物

前周期遷移金属であるチタンならびにジルコニウムについても，これらの有機金属化合物の合成法は，これまで述べてきたBやAlに近いものがあるのでここで取扱う．

$TiX_{4-n}R_n$ 型のチタン化合物のうち $Ti(CH_3)_4$ は $-78\,°C$ 以上に昇温すると分解が始まるほど熱安定性が悪いが，$MeTiCl_3$ は室温でも扱える程度の安定性をもっている．また $PhTi(O-i-Pr)_3$ や $Ti(CH_2Ph)_4$ のように長時間室温で保存可能なものもある．

トリクロロメチルチタンは，$TiCl_4$ とジメチル亜鉛あるいはメチルマグネシウム反応剤との反応によって合成される[式(3・89)]．

$$2\,TiCl_4 + Me_2Zn \longrightarrow 2\,MeTiCl_3 + ZnCl_2 \quad (3・89)$$

テトラベンジルチタンは，$TiCl_4$ と塩化ベンジルマグネシウムから調製できる[式(3・90)]．熱安定性はかなり高いが，溶液では不安定である．2倍モルのエタノールと反応し赤褐色のジエトキシジベンジルチタン $Ti(OEt)_2(CH_2Ph)_2$ を与える．また等モルの塩化水素と反応すると赤褐色のクロロトリベンジルチタン $TiCl(CH_2Ph)_3$ を生成する．

$$TiCl_4 + 4\,PhCH_2MgCl \longrightarrow Ti(CH_2Ph)_4 + 4\,MgCl_2 \quad (3・90)$$

$TiCl(O\text{-}i\text{-}Pr)_3$ は，$TiCl_4$ と 3 モルの $Ti(O\text{-}i\text{-}Pr)_4$ の不均化反応により合成でき[式(3・91)]，生成したクロロトリイソプロポキシチタンは蒸留(61〜65 ℃/0.1 mmHg)の後ペンタン，トルエン，エーテル，またはジクロロメタン溶液として保存することができる．このモノクロロ体と RLi や RMgX との反応により，$RTi(O\text{-}i\text{-}Pr)_3$ が合成できる[式(3・92)]．なかでもメチル錯体は蒸留(48〜53 ℃/0.01 mmHg)により精製することができるほど安定である．同様にして，フェニル誘導体(融点 88〜99 ℃)やほかの有機チタン化合物が合成できる．

$$3\,Ti(O\text{-}i\text{-}Pr)_4 + TiCl_4 \longrightarrow 4\,TiCl(O\text{-}i\text{-}Pr)_3 \quad (3・91)$$

$$TiCl(O\text{-}i\text{-}Pr)_3 + RLi \longrightarrow RTi(O\text{-}i\text{-}Pr)_3 \quad (3・92)$$
$$R = Me\ あるいは\ Ph$$

シロキシシクロプロパンと $TiCl_4$ の反応によってチタンのホモエノラートが得られる[式(3・93)]．

$$RO\text{-}\underset{\triangle}{\text{OSiMe}_3} + TiCl_4 \longrightarrow \underset{RO}{\overset{O\rightarrow TiCl_3}{C}}\diagdown \quad (3・93)$$

また有機スズ化合物との金属交換反応によってもチタンのホモエノラートが合成されている[式(3・94)]．

$$\underset{RO}{\overset{O}{\diagup\diagdown}} \xrightarrow{n\text{-}Bu_3SnH} \underset{RO}{\overset{O}{\diagup\diagdown}}Sn\text{-}n\text{-}Bu_3 \xrightarrow{TiCl_4} \underset{RO}{\overset{O\rightarrow TiCl_3}{C}}\diagdown$$

$$(3・94)$$

3・2・10 有機ジルコニウム化合物

ジルコノセンジクロリド(Cp_2ZrCl_2)と水素化ビス(2-ビスメトキシエトキシ)アルミニウムナトリウム($NaAlH_2(OCH_2CH_2OCH_3)_2$)から調製される $Cp_2Zr(H)Cl$ は，ボランや水素化アルミニウムと同様にアルキンやアルケンに容易に付加する．内部アルケンとの反応では水素化ジルコニウムが付加・脱離を繰り返し，容易に末端にまで移動するのが大きな特徴である．(E)-4-オクテンとの反応を式(3・95)に示す．まず最初に，ヒドロジルコニウム化が起こり化合物 A を与える．次にジルコニウムに対して β 位の水素 Ha がジルコニウムと脱離してアルケン(3-オクテン)とジルコニウムヒドリドを再生する．再び付加して B となる．このような付加・脱離を繰り返し，熱力学的にもっとも安定な，末端にジルコニウムの結合した化合物 C となる．したがって 1-オクテン，(E)-4-オクテン，(Z)-4-オクテンいずれのアルケンを出発物質としても同じ有機ジルコニウム化合物が得られる．このジルコニウムの転位は室温で進行する．これに対して先に述べたアルミニウムの場合には高温を要する．

$$(3 \cdot 95)$$

3・3 遷移金属化合物の合成法と性質

遷移金属錯体の一般的な合成法については本章の最初に示した．ここでは後周期遷移金属錯体の中から 10 族の Ni，Pd，Pt の錯体合成法について具体的な例をあげるにとどめる．8 族の Fe，Ru，Os，9 族の Co，Rh，Ir についてもほぼ同

様の合成法が適用できる．最後にカルベン錯体の製法と性質についても紹介する．

3・3・1　有機ニッケル錯体

a.　π-アリルニッケル(II)錯体

π-アリルニッケル(II)ハロゲン化物は0価ニッケルに対するハロゲン化アリルの酸化的付加あるいはハロゲン化ニッケルに対するアリル金属による金属交換法によって合成される．

ベンゼン中，ハロゲン化アリルと $Ni(CO)_4$ または $Ni(cod)_2$ を反応させることにより容易にアリルニッケル錯体を合成することができる[式(3・96)]．錯体は赤茶色結晶として単離され，溶液中では空気に対してきわめて不安定であるが固体状態では安定であり窒素雰囲気下で長期保存できる．

$$\diagup\!\!\!\diagdown\!\!\text{Br} + Ni(CO)_4 \text{ または } Ni(cod)_2 \longrightarrow \left\langle -Ni\!\!\begin{array}{c}Br\\ \\Br\end{array}\!\!Ni- \right\rangle \quad (3\cdot96)$$

$NiCl_2$ とアリルマグネシウム化合物との反応では平面的なアリル基に挟まれたサンドイッチ構造をしたπ-アリル錯体を生成する[式(3・97)]．

$$NiCl_2 + 2\,CH_2\!=\!CHCH_2MgCl \longrightarrow \begin{array}{c} CH_2\\ \\ CH_2 \end{array}\!\!CH\begin{array}{c} \\ Ni\\ \\ CH \end{array}\!\!\begin{array}{c} \\ CH_2\\ \\ CH_2 \end{array} + 2\,MgCl_2 \quad (3\cdot97)$$

b.　アリールニッケル錯体

0価のニッケル錯体 $Ni(PPh_3)_4$ にトルエン中クロロベンゼンを作用させると，*trans*-クロロ(フェニル)ビス(トリフェニルホスフィン)ニッケル(II)が黄褐色結晶として得られる[式(3・98)]．同様に，クロロベンゼンの代わりに，ブロモベンゼンや *p*-クロロトルエンを用いると，それぞれ対応する錯体，*trans*-[NiBrPh(PPh_3)_2] や *trans*-[NiCl(*p*-CH_3C_6H_4)(PPh_3)_2] が得られる．

$$\text{Ni}(\text{PPh}_3)_4 + \text{Ph}-\text{Cl} \longrightarrow trans\text{-}[\text{NiClPh}(\text{PPh}_3)_2] + 2\,\text{PPh}_3 \tag{3・98}$$

また臭化ニッケルのトリエチルホスフィン錯体にアリールマグネシウム化合物を反応させることによってもアリールニッケル錯体を得ることができる[式(3・99)].

$$trans\text{-}[\text{NiBr}_2(\text{PEt}_3)_2] + o\text{-}\text{CH}_3\text{C}_6\text{H}_4\text{MgBr}$$
$$\longrightarrow trans\text{-}[\text{NiBr}(o\text{-}\text{CH}_3\text{C}_6\text{H}_4)(\text{PEt}_3)_2] + \text{MgBr}_2 \tag{3・99}$$

c. アルキルニッケル錯体

上記b項の反応においてアリールマグネシウム化合物の代わりにメチルリチウムを用いると，ジメチル錯体が生成する[式(3・100)]．さらにこの錯体をトリメチルホスフィンと反応させるとメチルニッケル錯体となる[式(3・101)]．

$$\text{NiCl}_2(\text{PMe}_3)_2 + 2\,\text{CH}_3\text{Li} \longrightarrow \text{Ni}(\text{CH}_3)_2(\text{PMe}_3)_2 + 2\,\text{LiCl} \tag{3・100}$$

$$\text{Ni}(\text{CH}_3)_2(\text{PMe}_3)_2 + \text{PMe}_3 \longrightarrow \text{NiCH}_3(\text{PMe}_3)_3 \tag{3・101}$$

d. ニッケルアルケン錯体

ハロゲンやCOなどの配位子をアルケンで置換する方法が一般的である．ニッケルのアセチルアセトナート錯体のエーテル溶液にエチレンガスを飽和させておき，トリフェニルホスフィン共存下にトリエチルアルミニウムを加えるとニッケルのエチレン錯体が黄色結晶として得られる[式(3・102)]．またニッケルカルボニルを少量のヒドロキノン存在下にアクリロニトリル中で加熱還流すると，ビス(アクリロニトリル)ニッケルが赤色結晶として生成する[式(3・103)]．

$$\text{Ni}(\text{acac})_2 + \text{CH}_2=\text{CH}_2 + 2\,\text{PPh}_3 \xrightarrow{\text{Et}_3\text{Al}} \text{Ni}(\text{CH}_2=\text{CH}_2)(\text{PMe}_3)_2 \tag{3・102}$$

$$\text{Ni}(\text{CO})_4 + 2\,\text{CH}_2=\text{CHCN} \xrightarrow{\text{ヒドロキノン}} \text{Ni}(\text{CH}_2=\text{CHCN})_2 + 4\,\text{CO} \tag{3・103}$$

3・3・2 有機パラジウム錯体

a. π-アリルパラジウム錯体

いくつかの方法がある．まず最初にアルケンからの合成法について述べる．各種置換アルケンと Pd(II) ならびに塩基から調製することができる．反応はアルケンのパラジウムへの配位から始まる．この配位によってアリル位の水素が活性化され，この C—H 結合の Pd に対する酸化的付加が起こる．続いて HCl の還元的脱離が起こると考えるか，あるいは塩基によってアリル位の水素が引き抜かれて π-アリル錯体が生成するルートも考えられる[式(3・104), (3・105)]．後者の場合には，置換基をもったアリル位の水素が引き抜かれた形の生成物が得られる．これは平衡が存在し，最終的には熱力学支配による安定な錯体となるためである．

$$\text{(3・104)}$$

$$\text{(3・105)}$$

ハロゲン化アリルやアリルアルコール誘導体と 0 価のパラジウムから調製することもできる．反応は酸化的付加によって進行する．0 価パラジウムをもとから使わなくても，系中に還元剤を共存させ系内で 0 価パラジウムを発生させる方法も有効である[式(3・106)]．

$$CH_2=CHCH_2Cl + PdCl_2 \xrightarrow{\text{還元剤}} \text{[Pd—Cl]} \quad (3・106)$$

還元剤：$Cu, Zn, CO, SnCl_2$

塩化アリルとテトラクロロパラジウム酸ナトリウム Na_2PdCl_4 の少量の水を含むメタノール溶液に一酸化炭素ガスを吹き込むことでジ-μ-クロロビス(π-アリル)パラジウム(II)が黄色粉末として得られる[式(3・107)]．

$$2\,Na_2PdCl_4 + 2\,CH_2=CHCH_2Cl + 2\,CO$$
$$\longrightarrow [PdCl(C_3H_5)]_2 + 2\,COCl_2 + 4\,NaCl \quad (3・107)$$

アリルマグネシウム化合物のようなアリル典型金属とハロゲン化パラジウム(II)との間の金属交換で合成するのがもっとも一般的である．エーテル中で塩化パラジウム(II)に塩化アリルマグネシウムを加えることで調製できる[式(3・108)]．

$$PdCl_2 + 2\,CH_2=CHCH_2MgCl \longrightarrow Pd(C_3H_5)_2 + 2\,MgCl_2$$

(3・108)

π-アリルパラジウム錯体では，H^1 と H^2 は等価ではない．実際，室温での ^1H NMR のスペクトルで両者は異なった化学シフトを示す．しかしながら温度を上げると等価になる．これは σ^3-アリルパラジウムを経て異性化するためである(図3・16)．

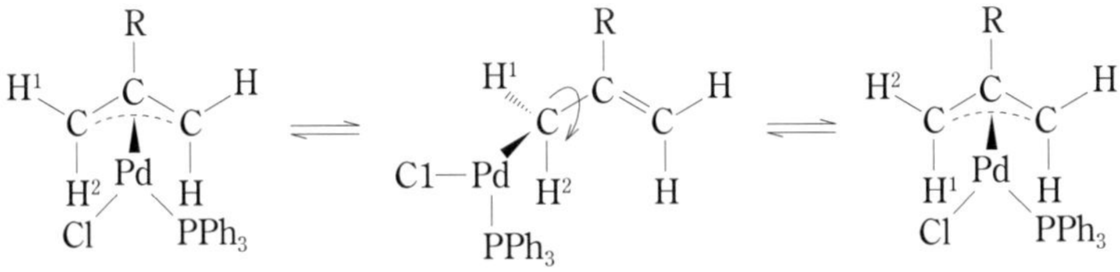

図3・16 π-アリルパラジウム錯体の構造

もう一つの合成法は共役ジエンからの製法である．反応は共役ジエンの一方の二重結合と Pd 原子との相互作用により進行し，求核剤による付加反応の後，π-アリルパラジウム(II)錯体が得られる[式(3・109)]．

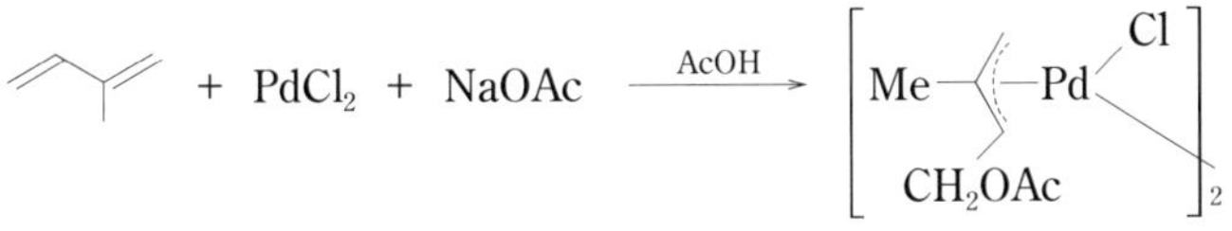

(3・109)

b. アリールパラジウム錯体

ニッケル錯体の場合と同様に，0価パラジウム錯体に対するハロゲン化アリールの酸化的付加[式(3・110)]あるいはハロゲン化パラジウム錯体に対するアリールマグネシウム化合物の反応によって得ることができる[式(3・111)]．

$$Pd(PPh_3)_4 + \text{(2,6-dimethylphenyl-Br)} \longrightarrow \underset{Br}{\overset{Ph_3P}{\diagdown}}Pd\underset{PPh_3}{\overset{\text{(aryl)}}{\diagup}} \quad (3\cdot110)$$

$$\underset{Me_2PhP}{\overset{I}{\diagdown}}Pd\underset{I}{\overset{PPhMe_2}{\diagup}} + PhMgBr \longrightarrow \underset{Me_2PhP}{\overset{I}{\diagdown}}Pd\underset{Ph}{\overset{PPhMe_2}{\diagup}} \quad (3\cdot111)$$

c. アルキルパラジウム錯体

ジクロロ錯体にメチルリチウムを加えることでジメチル錯体が得られる［式 (3・112)］.

$$\underset{Ph_3P}{\overset{Cl}{\diagdown}}Pd\underset{Cl}{\overset{PPh_3}{\diagup}} + 2\,CH_3Li \longrightarrow \underset{Ph_3P}{\overset{CH_3}{\diagdown}}Pd\underset{CH_3}{\overset{PPh_3}{\diagup}} \quad (3\cdot112)$$

d. パラジウムアルケン錯体

ニッケルの場合と同様に配位子交換あるいは還元剤共存下でアセチルアセトナート錯体から合成される［式(3・113), (3・114)］. $Ni(CH_2=CH_2)(PPh_3)_2$, $Pd(CH_2=CH_2)(PPh_3)_2$, $Pt(CH_2=CH_2)(PPh_3)_2$ 錯体のうちで，この Pd 錯体の合成がもっとも難しい.

$$2\,PdCl_2(PhCN)_2 + 2\,CH_2=CH_2 \longrightarrow Pd_2Cl_4(CH_2=CH_2)_2 + 4\,PhCN \quad (3\cdot113)$$

$$Pd(acac)_2 + CH_2=CH_2 + 2\,PPh_3 \xrightarrow{Et_2AlOEt} Pd(CH_2=CH_2)(PPh_3)_2 \quad (3\cdot114)$$

3・3・3 有機白金錯体

金属-炭素結合の安定性は Pt＞Pd＞Ni の順に低下する．有機白金化合物がもっとも安定である．$PtI(CH_3)_3$ などがきわめて安定で単離されているが，ほかの Pd や Ni ではこのような単純な MXR_n 型化合物は単離されていない．以下に代表的な有機白金錯体の合成法を示す．

a. Pt—R(R＝アルキル，アリル，アリール，ビニル，アセチリド)錯体
① ハロゲン化白金と有機典型金属化合物の反応による方法

$$3\,CH_3MgI + K_2PtCl_6 \longrightarrow PtI(CH_3)_3 + MgI_2 + 2\,MgCl_2 + 2\,KCl$$
(3・115)

$$PtI_2(PEt_3)_2 \xrightarrow{MeMgI} PtI(Me)(PEt_3)_2 \xrightarrow{MeMgI} Pt(Me)_2(PEt_3)_2$$
(3・116)

② 0価白金錯体への有機ハロゲン化物の酸化的付加

$$Pt(PPh_3)_3 + PhCH=CHBr \longrightarrow PtBr(CH=CHPh)(PPh_3)_2$$
(3・117)

③ 0価白金錯体への有機ハロゲン化物以外の酸化的付加

$$Pt(PEt_3)_3 + PhCN \longrightarrow trans\text{-}Pt(CN)(Ph)(PEt_3)_2 \quad (3\cdot118)$$

b. Pt(II)-アルケン錯体

　二価の白金に配位したアルケンやジエン酸は求核剤と効率よく反応するため合成化学的に有用である．C—C結合切断に用いられるツァイゼ塩は，テトラクロロ白金酸カリウムの塩酸水溶液にエチレンガスを導入することによって生成する[式(3・119)]．

$$K_2PtCl_4 + CH_2=CH_2 \longrightarrow K[PtCl_3(CH_2=CH_2)] + KCl$$
(3・119)

アルキン錯体も同様に白金酸ナトリウムとジ-t-ブチルアセチレンから調製できる[式(3・120)]．

$$2\,Na_2PtCl_4 + 2\,t\text{-}BuC\equiv C\text{-}t\text{-}Bu \xrightarrow{ツァイゼ塩} Pt_2Cl_4(t\text{-}BuC\equiv C\text{-}t\text{-}Bu)_2 + 4\,NaCl$$
(3・120)

ジクロロ(μ-1,5-シクロオクタジエン)白金(II)は，ヘキサクロロ白金酸水和物を氷酢酸に溶解し，75℃に加熱し，この温かい溶液に1,5-シクロオクタジエンを加えることで得られる[式(3・121)]．

$$H_2PtCl_6(H_2O)_x + \text{[cyclooctadiene]} \longrightarrow \text{[(COD)PtCl}_2\text{]} \quad (3\cdot121)$$

3・3・4 カルベン錯体

カルベン錯体は遷移金属に中性2配位炭素種のカルベンが結合したもので，カルベン炭素が求電子性を示すフィッシャー(Fischer)型カルベン錯体と求核性を示すシュロック(Schrock)型カルベン錯体の二つに分類される．どちらの性質を示すかは中心金属の種類と配位子の性質によって決まる．フィッシャー型カルベン錯体はπ受容性配位子を有する低酸化状態の6族から8族の遷移金属を含んでいる．代表例として図3・17に6族の Cr, Mo, W の錯体をあげる．

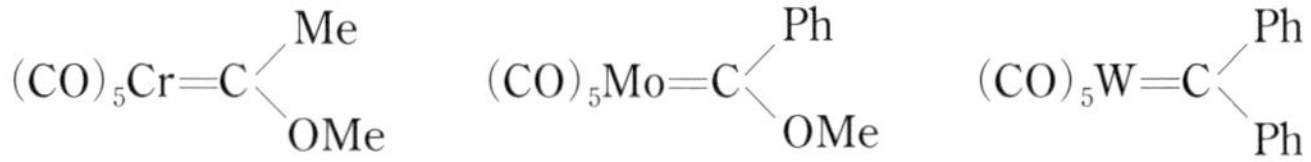

$$(CO)_5Cr=C\begin{subarray}{c}Me\\OMe\end{subarray} \quad (CO)_5Mo=C\begin{subarray}{c}Ph\\OMe\end{subarray} \quad (CO)_5W=C\begin{subarray}{c}Ph\\Ph\end{subarray}$$

図 3・17 代表的なフィッシャー型カルベン

一方，シュロック型カルベン錯体は電子供与性配位子を有する高酸化状態の前周期遷移金属を含んでいる．4族のチタンを含むテッベ(Tebbe)錯体($Cp_2Ti=CH_2$)のほか，図3・18にあげる5族のタンタルを含む錯体(シュロック錯体)が代表例である．

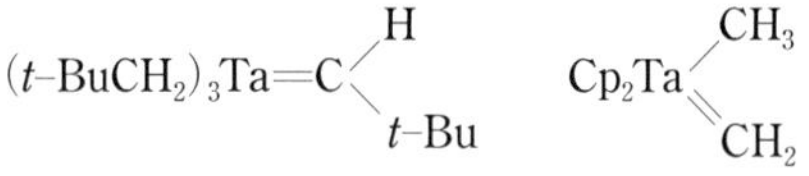

$$(t\text{-}BuCH_2)_3Ta=C\begin{subarray}{c}H\\t\text{-}Bu\end{subarray} \quad Cp_2Ta\begin{subarray}{c}CH_3\\CH_2\end{subarray}$$

図 3・18 代表的なシュロック型カルベン

フィッシャー型カルベン錯体の一般的な製法は，カルボニル錯体にアルキルリチウムあるいはアリールリチウムを作用させ，生成した酸素アニオンをトリメチルオキソニウムテトラフルオロホウ酸塩のような炭素陽イオンで捕捉するというものである[式(3・122)]．生成したカルベン錯体は安定であり，再結晶法で精製することができる．また空気中でシリカゲルカラムクロマトグラフィーで精製してもほとんど分解しない．

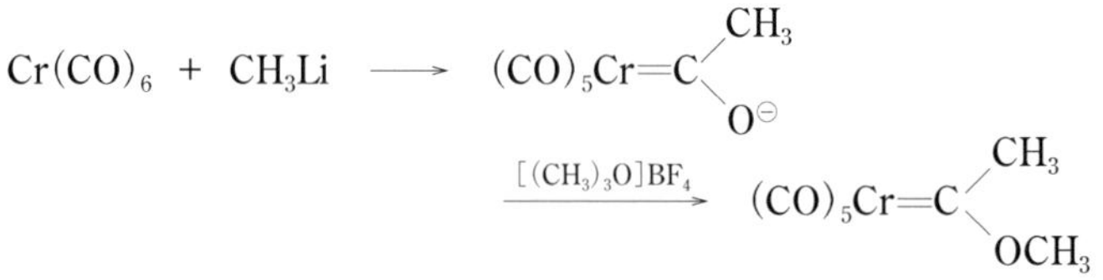

$$Cr(CO)_6 + CH_3Li \longrightarrow (CO)_5Cr=C\begin{subarray}{c}CH_3\\O^-\end{subarray}$$
$$\xrightarrow{[(CH_3)_3O]BF_4} (CO)_5Cr=C\begin{subarray}{c}CH_3\\OCH_3\end{subarray} \quad (3\cdot122)$$

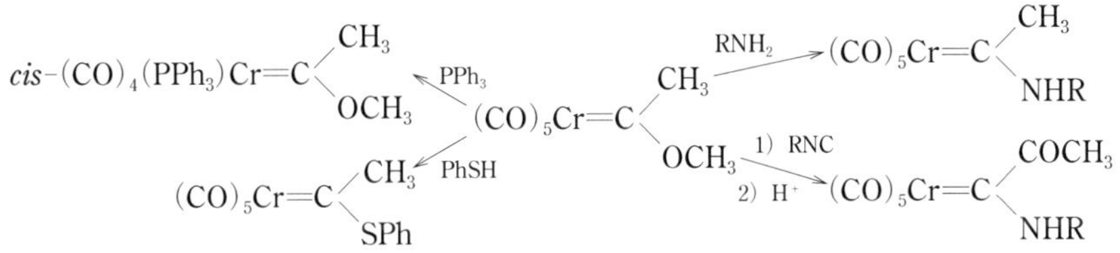

3・3 遷移金属化合物の合成法と性質

cis-$(CO)_4(PPh_3)Cr=C\overset{CH_3}{\underset{OCH_3}{}}$ ←PPh_3— $(CO)_5Cr=C\overset{CH_3}{\underset{OCH_3}{}}$ —RNH_2→ $(CO)_5Cr=C\overset{CH_3}{\underset{NHR}{}}$

$(CO)_5Cr=C\overset{CH_3}{\underset{SPh}{}}$ ←PhSH— $\overset{1) RNC}{\underset{2) H^+}{\longrightarrow}}$ $(CO)_5Cr=C\overset{COCH_3}{\underset{NHR}{}}$

図 3・19 カルベン錯体の変換

こうして得られたカルベン錯体は配位性分子によるメトキシ基の置換反応によってほかのカルベン錯体へと導くことができる(図3・19).

フィッシャー型カルベンは図3・20に示す共鳴構造によって安定化されている.カルベン炭素上のORやNHRなどの電子供与性置換基は炭素上の正電荷の非局在化に寄与している.また金属のd電子はπ受容性の強いCO配位子の方へ非局在化し,カルベン炭素上へのπ逆供与は有効にはたらかない.このためカルベン炭素は求電子性をもつ.

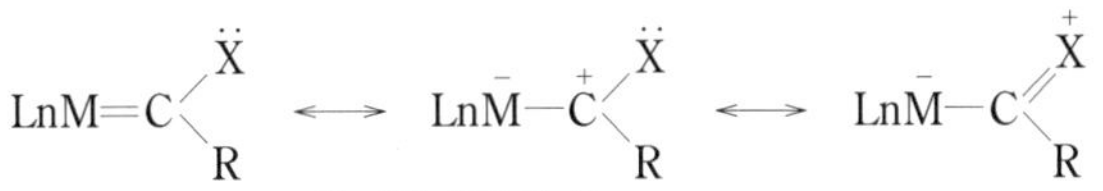

$LnM=C\overset{\ddot{X}}{\underset{R}{}}$ ⟷ $LnM\overset{-}{-}\overset{+}{C}\overset{\ddot{X}}{\underset{R}{}}$ ⟷ $LnM\overset{-}{-}C\overset{\overset{+}{X}}{\underset{R}{}}$

X=OR, NR_2 など

図 3・20 フィッシャー型カルベンの共鳴構造

これに対しシュロック型カルベンはアルキル錯体から,そのα炭素に結合した水素を脱離させることによって合成される[式(3・123)].

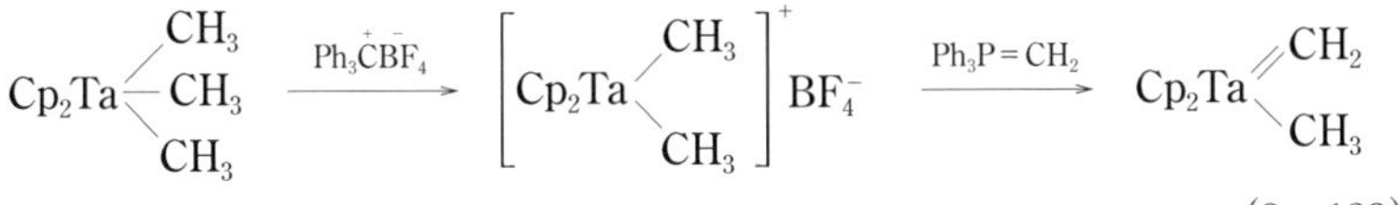

$Cp_2Ta\overset{CH_3}{\underset{CH_3}{-CH_3}}$ $\xrightarrow{Ph_3CBF_4}$ $[Cp_2Ta\overset{CH_3}{\underset{CH_3}{}}]^+ BF_4^-$ $\xrightarrow{Ph_3P=CH_2}$ $Cp_2Ta\overset{CH_2}{\underset{CH_3}{=}}$

(3・123)

金属上のd電子がカルベン炭素上に供与された極限構造の寄与が大きい.また金属上に生じる正電荷はアルキル基やシクロペンタジエニル基などの電子供与性基によって安定化される(図3・21).

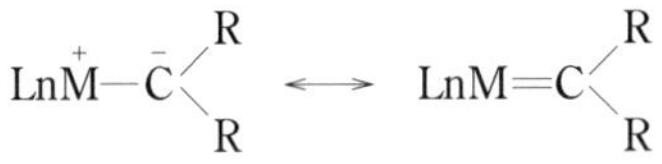

$\overset{+}{LnM}-\overset{-}{C}\overset{R}{\underset{R}{}}$ ⟷ $LnM=C\overset{R}{\underset{R}{}}$

図 3・21 シュロック型カルベンの共鳴構造

ウィッティヒ(Wittig)反応剤と同じようにケトンと反応してメチレン化反応を行う．エステルやアミドのメチレン化にも利用できる(4・8・2項参照)．

カルボニル化合物に対する反応

4

　本章では3章で取りあげた有機金属化合物のカルボニル化合物に対する反応について述べる．有機リチウム化合物，グリニャール反応剤をはじめ種々の有機金属化合物それぞれとカルボニル化合物との特徴的な反応について解説する．さらにアリルクロムならびにビニルクロム反応剤とカルボニル化合物との選択的な反応についても紹介する．

　有機化学においてカルボニル基は多くの官能基のなかでアルケンとともに中心的な位置を占めている．カルボニル基は $C^{\delta+}=O^{\delta-}$ に分極している．したがって有機金属化合物（$C^{\ominus}—M^{\oplus}$）は炭素陰イオンとして容易にカルボニル炭素を求核攻撃する．その反応のしやすさは有機金属化合物の炭素-金属結合のイオン結合性に依存する．表4・1に種々の炭素-金属結合のイオン性の割合を示す．この値は金属元素の電気陰性度と関係している．リチウムならびにマグネシウムの電気陰性度はそれぞれ1.0と1.2である．これに対して炭素の電気陰性度は2.5であり，この値2.5との差が大きければ大きいほどイオン結合性が強い．参考のためにポーリングの電気陰性度の値を表4・2に示す．

表 4・1　炭素-金属結合のイオン性

結合	イオン性(%)	結合	イオン性(%)
C—K	51	C—Mg	35
C—Na	47	C—Al	22
C—Li	43	C—Zn	18

表 4・2 ポーリングの電気陰性度

H 2.2																He —
Li 1.0	Be 1.5										B 2.0	C 2.5	N 3.0	O 3.5	F 4.0	Ne —
Na 0.9	Mg 1.2										Al 1.5	Si 1.8	P 2.1	S 2.5	Cl 3.0	Ar —
K 0.8	Ca 1.0	Sc 1.3	Ti 1.5	V 1.6	Cr 1.6	Mn 1.5	Fe 1.8	Co 1.8	Ni 1.8	Cu 1.9	Zn 1.6	Ga 1.6	Ge 1.8	As 2.0	Se 2.4	Br 2.8	Kr —

4・1 有機リチウム化合物ならびにグリニャール反応剤とカルボニル化合物の反応

4・1・1 カルボニル化合物に対する有機リチウム化合物ならびにグリニャール反応剤の付加

アルデヒドやケトンに対してメチルリチウムあるいはヨウ化メチルマグネシウムを作用させると，メチル基はカルボニル炭素を求核攻撃しメチル基の付加したリチウムアルコキシドあるいはマグネシウムアルコキシドを生成する．この付加体を希塩酸や希硫酸のような酸で後処理するとアルコールが得られる．ホルムアルデヒドあるいはそれ以外のアルデヒドにアルキルリチウムあるいはハロゲン化アルキルマグネシウムを付加させると，それぞれ第一級アルコールあるいは第二級アルコールが生成する[式(4・1), (4・2)]．一方，ケトンからは第三級アルコールが得られる[式(4・3)]．

$$\underset{H}{\overset{H}{>}}C=O + RMgX \longrightarrow H-\underset{H}{\overset{R}{\underset{|}{C}}}-OMgX \xrightarrow{H^+} RCH_2OH \tag{4・1}$$

$$\underset{H}{\overset{R^1}{>}}C=O + R^2MgX \longrightarrow R^1-\underset{H}{\overset{R^2}{\underset{|}{C}}}-OMgX \xrightarrow{H^+} R^1R^2CHOH \tag{4・2}$$

4・1 有機リチウム化合物ならびにグリニャール反応剤とカルボニル化合物の反応

$$R^1R^2C=O + R^3MgX \longrightarrow R^1R^2R^3C-OMgX \xrightarrow{H^+} R^1R^2R^3COH \tag{4・3}$$

ここでグリニャール(Grignard)反応剤とカルボニル化合物の反応機構について少し触れておく．グリニャール反応剤はシュレンク(Schlenk)平衡に基づく多様な組成や会合体として存在している．それらの比率は温度，溶媒，有機基の種類，ハロゲンの種類などによって変化し，反応性にも影響を及ぼす．そのため反応機構はきわめて複雑である．二つの究極的な機構として協奏機構と電子移動機構があげられる．協奏機構では，$RMgX$ あるいはそれよりルイス(Lewis)酸性の強い MgX_2 に一つの分子のカルボニル酸素原子が配位し，この配位によって活性化されたカルボニル炭素原子をもう一分子のグリニャール反応剤の有機基が攻撃する．代表例は $PhMgBr$ とアセトンの反応である［式(4・4)］．一般に立体的に小さなアルキル基をもつグリニャール反応剤がこの機構で反応する．反応性の順は $CH_3MgX > C_2H_5MgX > i\text{-}C_3H_7MgX > t\text{-}C_4H_9MgX$ である．

$$\text{PhMgBr} + \underset{CH_3\ \ CH_3}{\overset{O}{\underset{\|}{C}}} \rightleftharpoons \underset{Br}{\overset{Ph}{Mg}} :O=C\underset{CH_3}{\overset{CH_3}{}} \longrightarrow \cdots \longrightarrow BrMgO-\underset{CH_3}{\overset{Ph}{\underset{|}{C}}}-CH_3 \tag{4・4}$$

一方，電子移動機構で進行する反応の代表例はかさ高いアルキル基をもち電子供与性の高い $t\text{-}BuMgX$ と電子受容能の高いベンゾフェノンの反応である［式(4・5)］．反応性の順は協奏機構の場合とは逆に $CH_3MgX < C_2H_5MgX < i\text{-}C_3H_7MgX < t\text{-}C_4H_9MgX$ となる．

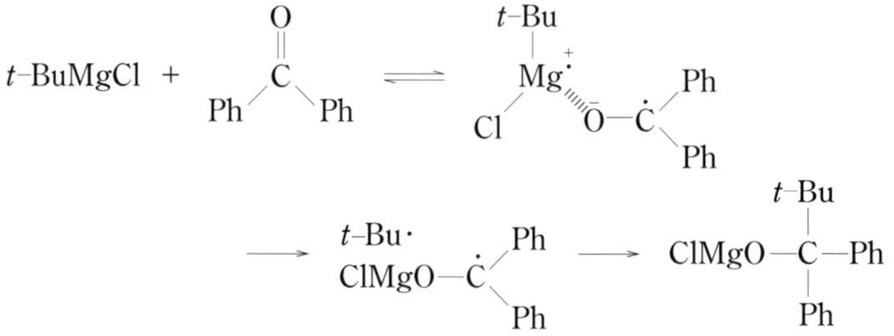

$$t\text{-BuMgCl} + \underset{\text{Ph}}{\overset{\text{O}}{\underset{\|}{\text{C}}}}\text{Ph} \rightleftharpoons \underset{\text{Cl}}{\overset{t\text{-Bu}}{\text{Mg}^+}}\cdots\underset{\text{Ph}}{\overset{}{\text{O}-\text{C}^-}}\text{Ph}$$

$$\longrightarrow \underset{\text{ClMgO}}{\overset{t\text{-Bu}\cdot}{\text{C}^-}}\underset{\text{Ph}}{\overset{}{\text{Ph}}} \longrightarrow \text{ClMgO}-\underset{\text{Ph}}{\overset{t\text{-Bu}}{\text{C}}}-\text{Ph} \qquad (4\cdot5)$$

アルデヒドのカルボニル基はケトンのカルボニル基に比べて反応性が高い。理由は二つある。まず一つは，立体的要因である。アルデヒドのカルボニル基にはアルキル基と水素が結合している。一方，ケトンではカルボニル基に二つのアルキル基が結合しており，アルキル基は水素より立体的に大きいため求核剤の接近を妨げる。このためグリニャール反応剤のような求核剤の攻撃は，ケトンのカルボニル炭素に対するよりも，より立体障害の小さなアルデヒドのカルボニル炭素に対してより容易に起こる。もう一つはカルボニル基の分極の度合である。一般にアルキル基は電子供与性をもち，カルボニル炭素に対して電子を供給する。このためカルボニル炭素の電子不足が補われ，部分的な正電荷 δ^+ が弱められることになる。この電子的な効果はアルキル基を二つもつケトンのほうが大きい。このように立体的要因ならびに電子的な効果のためにケトンのカルボニル炭素はアルデヒドのカルボニル炭素よりも反応性が小さくなる(図4・1)。

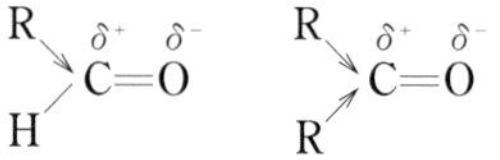

$$\underset{\text{H}}{\overset{\text{R}}{}}\overset{\delta^+\ \ \delta^-}{\text{C}=\text{O}} \qquad \underset{\text{R}}{\overset{\text{R}}{}}\overset{\delta^+\ \ \delta^-}{\text{C}=\text{O}}$$

図 4・1 アルデヒドとケトンの分極の違い

エステルやアミドのカルボニル炭素はケトンのカルボニル炭素よりも求核剤の攻撃をうけにくい。それはアルコキシ基やアミノ基がアルキル基よりも電子供与性の大きい基であることを考えれば理解できる。またカルボン酸のカルボニル炭素はさらにメチルアニオン求核剤の攻撃をうけにくい。ヒドロキシ基 OH が電子供与性の基であることも一因であるが，カルボキシ基 COOH の水素の酸性度が高いため，ヨウ化メチルマグネシウムがまず塩基として反応し，酸・塩基反応によってカルボキシラートとなる[式(4・6)]。したがって，カルボン酸のカルボニ

4・1 有機リチウム化合物ならびにグリニャール反応剤とカルボニル化合物の反応

ル炭素にメチル基を付加させようとすると2当量のメチルマグネシウム反応剤が必要となる．すでにアニオンとなっているカルボキシラートにさらにメチルアニオンを攻撃させるにはその電子的反発に打ち勝つことが必要である．そのため付加を進行させるには，より厳しい条件，すなわち長時間の加熱が不可欠となる．

$$RC(=O)OH \xrightarrow{CH_3MgI} RC(=O)O^-Mg^+I \xrightarrow{CH_3MgI} R-\underset{CH_3}{\underset{|}{C}}(O^-Mg^+I)-O^-Mg^+I \quad (4 \cdot 6)$$

求核剤に対するカルボニル化合物の反応性は次のようにまとめられる．

$$RCHO > R^1R^2C=O > R^1COOR^2 > R^1CONR_2^2 > RCOOH$$

それでは次にエステルとグリニャール反応剤との反応について考えてみよう．安息香酸エチル $PhCOOCH_2CH_3$ と臭化フェニルマグネシウムの反応を例として取り上げる．まず，フェニルアニオンが安息香酸エチルのカルボニル炭素に付加し，アルコキシマグネシウムとなる．アルデヒドやケトンに対する付加の場合は，この段階で反応は終結し，酸による後処理によってそれぞれ対応する第二級あるいは第三級アルコールが生成する．これに対し，エステルにフェニル基が付加した場合には，ここで止まらずにエトキシ基が脱離基としてはたらきベンゾフェノンが系中で生成する．ここで先に述べたカルボニル化合物の反応性の順序を思い出してほしい．その順序をみるとエステルよりもケトンのほうが求核剤に対して反応しやすい．したがって過剰の臭化フェニルマグネシウムが存在すると，引き続きベンゾフェノンへのフェニル基の付加が起こるので，最終的に酸で加水分解すると第三級アルコールであるトリフェニルメタノールが得られる［式(4・7)］．

$$Ph-C(=O)-OCH_2CH_3 \xrightarrow{PhMgBr} Ph-\underset{Ph}{\underset{|}{C}}(O^-Mg^+Br)-OCH_2CH_3 \longrightarrow Ph-C(=O)-Ph$$

ベンゾフェノン

$$\xrightarrow{PhMgBr} Ph-\underset{Ph}{\underset{|}{C}}(O^-Mg^+Br)-Ph \xrightarrow{H_3O^+} Ph-\underset{Ph}{\underset{|}{C}}(OH)-Ph \quad (4 \cdot 7)$$

トリフェニルメタノール

4・1・2　アシルアニオン等価体とカルボニル化合物の反応

　一酸化炭素にブチルリチウムを付加するとアシルリチウムが生成すると考えられるが，実際にアシルアニオンを得ることは難しい．アシルカチオンはフリーデル-クラフツ(Friedel–Crafts)反応などにみられるように調製が容易であるが，アシルアニオンは不安定種で手にとることはできない．そこでこのアシルアニオンの等価体がその代替化合物として合成に用いられている．エチルビニルエーテルに第三級ブチルリチウムを作用させるとアルケニルリチウムが得られる．水素引抜きによる有機リチウム化合物の合成法である．ここにアセトンを加えると付加反応が起こりアリルアルコールが生成する．ビニルエーテル部分を酸で加水分解することで α-ヒドロキシケトンに変換できる．全体としてみればエトキシビニルアニオンはアシルアニオンの等価体としてはたらいたことになる[式(4・8)]．

$$(4・8)$$

　アシルアニオン等価体としてもっともよく用いられるのは 1,3-ジチアンのアニオンである．アルデヒドと 1,3-プロパンジチオールから得られる 1,3-ジチアンの硫黄原子二つにはさまれたメチン水素は酸性度が高く容易に塩基によって引き抜かれる．こうして生成した炭素アニオンはカルボニル化合物を攻撃する．生成したアルコールにおいて，ジチアン部位を水銀を用いて加水分解してもとのカルボニル基に戻す[式(4・9)]．この場合も先のビニルエーテルから導かれたアニオンと同様に，ジチアンのアニオンはアシルアニオンの等価体ということになる．

4・1　有機リチウム化合物ならびにグリニャール反応剤とカルボニル化合物の反応

$$\text{RCHO} \xrightarrow[H^+]{\text{HS}\frown\text{SH}} \text{RCH(S}\frown\text{S)} \xrightarrow{n\text{-BuLi}} \text{RC}^-(\text{S}\frown\text{S}) \xrightarrow{R'\text{CHO}} \quad (4\cdot9)$$

アシルアニオン

4・1・3　リチウムエノラートによるアルドール反応

　アルデヒド2分子からアルデヒドアルコール(aldehyde alcohol)が生成する反応はアルドール反応とよばれ，有機合成上重要な反応の一つである．広義には二つのカルボニル化合物間，たとえばケトン同士あるいはアルデヒドとケトンの反応をさす．両方のカルボニル化合物がエノール化できる場合にアルドール反応をうまく進行させるには，一方のカルボニル化合物を金属エノラートに変換させておき，ここに第二のカルボニル化合物を加えて反応させるという方法をとる．アセトンをエノラートに導き，ここにベンズアルデヒドを反応させる例を式(4・10)に示す．

$$(4\cdot10)$$

　リチウムエノラートを用いたアルドール反応では六員環遷移状態を経て反応が進行する．プロピオン酸2,6-ジメチルフェニルとLDAから生成する(Z)-エノラートにアルデヒドを加えるとアンチ体が選択的に得られる［式(4・11)］．立体選択性は用いるアルデヒドのかさ高さに依存する．

94   4 カルボニル化合物に対する反応

$$\text{(4・11)}$$

	アンチ体	:	シン体
PhCHO	88	:	12
n-C$_5$H$_{11}$CHO	86	:	14
i-PrCHO	>98	:	2
t-BuCHO	>98	:	2

4・2　有機亜鉛化合物とカルボニル化合物の反応

　有機金属化合物のなかで歴史的にもっとも古いのは，1章で述べたように有機亜鉛化合物である．1849年にFranklandがヨウ化エチルと亜鉛から空気中で発火性の液体(ジエチル亜鉛)を合成した．有機金属化合物が単離された最初の例である．しかしながらジエチル亜鉛は反応性が低くアルデヒドやケトンとは反応しない．そのため有機合成においてほとんど利用されることもなく，日が当たらなかった．

　ここにグリニャール反応剤が登場する．1900年のことである．グリニャール反応剤は有機亜鉛化合物とは異なり，カルボニル化合物と容易に反応して付加体を与える．有機合成的に非常に有用ということで，盛んに研究され利用されるようになった．そのため有機亜鉛化合物はますます影が薄くなった．ごく最近まで有機亜鉛化合物が有機合成に用いられていたのは，シモンズ-スミス(Simmons-Smith)反応とレフォルマトスキー(Reformatsky)反応の二つぐらいであった．前者はICH$_2$ZnIによるオレフィンのシクロプロパン化反応であり，カルボニル化合物との反応ではないのでここでは説明を割愛する．後者のレフォルマトスキー反応はカルボニル化合物との反応なので少し説明を加える．式(4・12)の例で示されるように中間にα-カルボニル亜鉛化合物を生成し，これがケトンあるいはアルデヒドと反応し，β-ヒドロキシカルボン酸エステルを与える反応である．

$$\text{BrCH}_2\text{COOEt} \xrightarrow{\text{Zn}} \text{BrZnCH}_2\text{COOEt} \xrightarrow{\text{PhCHO}} \underset{\underset{\text{OH}}{|}}{\overset{\overset{\text{H}}{|}}{\text{PhC}}}-\text{CH}_2\text{COOEt} \quad (4\cdot12)$$

反応基質としてはアルデヒドやケトン以外に酸塩化物,酸無水物,ニトリル,ケテンなども利用できる.一方,反応剤の原料としてはα-ハロエステルのほか,α-ハロアミド,α-ハロニトリルやα-ハロクロトン酸エステルも同様に使える.なおレフォルマトスキー反応においてマグネシウムを用いず亜鉛を用いる理由は,マグネシウムを使うと途中に生成するマグネシウムエノラートが亜鉛エノラートに比べて反応性が高く,これが原料のハロエステルと反応し複雑な生成物を与えるためである.有機亜鉛の反応性の低さが,この反応がうまく進行する鍵となっている.

アルキル亜鉛は反応性が低くアルデヒドやケトンと反応しないが,アリル亜鉛種は比較的求核性が大きくカルボニル化合物に付加し,対応するホモアリルアルコールを与える[式(4・13)].プレニル亜鉛化合物を用いるとγ位の炭素とカルボニル炭素とが結合したホモアリルアルコールを位置選択的に与える[式(4・14)].

$$\text{CH}_2=\text{CHCH}_2\text{ZnBr} + \text{RCHO} \longrightarrow \underset{\underset{\text{OH}}{|}}{\text{RCH}}-\text{CH}_2-\text{CH}=\text{CH}_2 \quad (4\cdot13)$$

$$\underset{\text{CH}_3}{\overset{\text{CH}_3}{>}}\text{C}=\text{CHCH}_2\text{ZnBr} + \text{RCHO} \longrightarrow \underset{\underset{\text{OH}}{|}}{\text{RCH}}-\underset{\underset{\text{CH}_3}{|}}{\overset{\overset{\text{CH}_3}{|}}{\text{C}}}-\text{CH}=\text{CH}_2 \quad (4\cdot14)$$

アルキル亜鉛の反応性が低く,アルデヒドやケトンと反応しないためにあまり有機合成に用いられることがなかったということはすでに述べた.ところが最近この反応性の低さが逆に幸いして,再び有機合成の檜舞台へと登場することとなった.アルデヒドへのジアルキル亜鉛の触媒的不斉付加反応の発見である.

化学量論量のキラル反応剤を用いるアルデヒドへの典型有機金属化合物の不斉付加反応は古くから活発に研究され,不斉収率の高い反応系も見出されている.これらの反応に使用されてきたのは有機リチウム化合物やグリニャール反応剤が

中心であった．しかしこれらの反応剤は反応性が高く，不斉配位子や不斉触媒などの助剤なしに単独でも反応してしまう．不斉収率を上げるには$-78\,°C$以下の低温で反応させる必要があり，実用的とはいえなかった．これに対して有機亜鉛化合物は単独では反応しないが，ここにヒドロキシルアミンのような配位子を共存させると反応性が向上してアルキル化が進行することが明らかとなった．従来とは異なり触媒量の不斉配位子を用いることで不斉アルキル化が可能となった．ジエチル亜鉛によるベンズアルデヒドのエチル化の例を式(4・15)に示す．

$$\text{PhCHO} + \text{Et}_2\text{Zn} \xrightarrow{\text{キラル配位子}} \underset{\underset{\text{\%ee：エナンチオマー過剰率}}{98\%\text{ee}}}{\text{Ph}-\overset{\overset{\text{H}}{|}}{\underset{\underset{\text{Et}}{|}}{\text{C}}}-\text{OH}} \quad \underset{(N,N\text{-ジメチルアミノイソボルネオール})}{\text{DAIB}}$$

(4・15)

さらに β-アミノアルコールを触媒として用いる反応系において，不斉増幅反応という現象が見出された．不斉増幅が初めて観察されたのはチタンテトライソプロポキシド-酒石酸ジエチルを用いるアリルアルコールの香月-シャープレス不斉エポキシ化反応においてである．光学的に純粋な(R,R)-酒石酸ジエチルを不斉触媒として用いると94%ee のエポキシドが生成する[式(4・16)]．これに対して純度が半分である50%ee の酒石酸ジエチルを用いた場合でも，94%ee の半分である47%ee よりも高い70%ee のエポキシドが生成するというものである．ジエチル亜鉛によるベンズアルデヒドのエチル化反応においては，非常に大きな不斉増幅がみられる[式(4・17)]．先に述べた DAIB を用いる反応において，15%ee の不斉触媒を用いても95%ee のアルコールが得られる．1-ピペリジノ-3,3-ジメチル-2-ブタノールを触媒とする反応においても，ee の小さなものを用いても大きな不斉増幅現象がみられる．

$$\text{ArCH}_2\text{OH} + t\text{-BuOOH} \xrightarrow[\text{Ti}(\text{O}-i\text{-Pr})_4]{(R,R)\text{-酒石酸ジエチル}} \text{生成物}$$

不斉配位子(%ee)　　生成物(%ee)
>99.5　　　　　　　94
50　　　　　　　　 70

(4・16)

4・2 有機亜鉛化合物とカルボニル化合物の反応

$$PhCHO + Et_2Zn \xrightarrow{\text{不斉触媒}} \underset{Ph \quad OH}{\overset{Et}{\underset{|}{CH}}} \qquad (4・17)$$

不斉触媒(%ee)		生成物(%ee)
DAIB	>99.5	98
	15	95
t-Bu―CH(OH)―N(ピペリジン)	11	82
	3	36

ベンズアルデヒドとジエチル亜鉛との反応におけるこの不斉増幅現象は，単量体機構で説明されている．すなわち図 4・2 において，触媒活性種は S または R

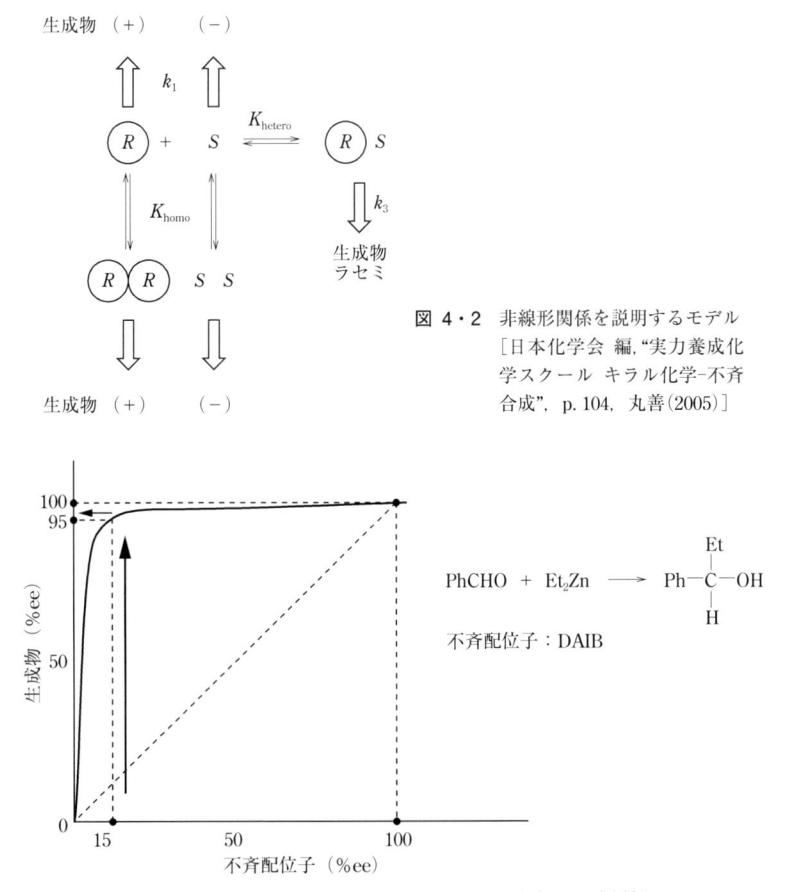

図 4・2 非線形関係を説明するモデル
[日本化学会 編，"実力養成化学スクール キラル化学-不斉合成"，p. 104，丸善(2005)]

図 4・3 アルデヒドに対するアルキル亜鉛の付加と不斉増幅
[野依良治ら 編，"大学院講義 有機化学Ⅱ"，p. 196，東京化学同人(1998)]

体の単量体の触媒であり，ホモキラル二量体 SS と RR, ヘテロキラル二量体 RS の触媒活性は小さいと仮定する．さらに RS 体の生成の平衡定数が SS 体，RR 体のそれよりも大きく，言い換えれば RS–ヘテロキラル二量体が生成しやすく，SS および RR–ホモキラル二量体は単量体に解離しやすく，二量体が単量体より安定であるとすると不斉が増幅することになる．もし S が少し過剰にあると R のほとんどが安定な SR となって不活性化される．残った少量の S が SS と平衡を保ち高いエナンチオ選択的な触媒として作用する．あたかも光学純度 100% の S 体を用いて反応させたかのような状況がつくりだされるため不斉増幅が起こると考えられている(図 4・3).

4・3 有機ホウ素化合物とカルボニル化合物の反応

有機ホウ素化合物(R_3B)の炭素–ホウ素結合は，水やアルコール，さらには HCl のような無機酸に対しては安定である．ところがカルボン酸とは容易に反応して酸分解生成物(R—H)を与える．この特異な反応は，カルボニル基がルイス塩基としてホウ素に配位すると同時に六員環遷移状態を経由して C—B 結合が開裂したと説明することができる[式(4・18)].

$$\text{>B—R} + \text{R'COOH} \longrightarrow \left[\begin{array}{c} RH \\ \diagdown \diagup \\ B O \\ \diagup \diagdown \diagdown \\ O C \\ R' \end{array}\right] \longrightarrow \text{>R—H} + \text{>BOCR'} \quad (4 \cdot 18)$$

4・3・1 アリルホウ素のカルボニル化合物への付加

トリアルキルボランは，アルキルリチウムやハロゲン化アルキルマグネシウムとは異なりカルボニル化合物とは反応しない．C—B 結合のイオン性が 6% と非常に弱いためである．このことはホウ素の電気陰性度が 2.0 であることから容易に想像される．これに対してアリルボランはカルボニル化合物をアリル化できる[式(4・19)].アリル基の求核性がアルキル基に比べて大きいことも一因である

4·3 有機ホウ素化合物とカルボニル化合物の反応

が，この反応においても六員環遷移状態を考えることで説明がなされている．

$$\text{（式 4·19）}$$

アルケニルボラン(9-BBN 誘導体)がアルデヒドに対してグリニャール反応剤と同様に反応することが報告されているが，65℃に加熱することが必要で，しかも収率が低い．一方，アルケニルボランはエノンに対しては容易に付加する．この際，シソイド型の立体配座をとることができる鎖状のα,β不飽和ケトンは1,4 付加体を与えるのに対して 2-シクロヘキセン-1-オンのような環状エノンは反応しないことから，やはり六員環遷移状態経由の反応と考えられる[式(4·20)]．

$$\text{（式 4·20）}$$

R_3B の α,β-不飽和アルデヒドやケトンへの 1,4 付加も報告されているが，この付加反応はラジカル機構で進行していると考えられている[式(4·21)〜(4·23)]．酸素分子や過酸化物の共存あるいは光照射といったラジカル開始条件を必要とする．

$$R_3B \longrightarrow R\cdot \quad \text{(ラジカル開始反応)} \quad (4\cdot 21)$$

$$R\cdot + \text{C=C-C=O} \longrightarrow R-\text{C-C=C-O}\cdot \quad (4\cdot 22)$$

$$R-\text{C-C=C-O}\cdot + R_3B \longrightarrow R-\text{C-C=C-OBR}_2 + R\cdot \quad (4\cdot 23)$$

トリアルキルボランをアート錯体にすると反応性は飛躍的に大きくなる．たとえばトリエチルボランとビニルリチウムから調製したホウ素アート錯体をアルデヒドと反応させると，ホウ素上のエチル基の1,2転位を伴いながらホウ素のβ炭素がアルデヒドを求核攻撃した付加体が生成する［式(4・24)］．

$$Et_3B^- - CH=CH_2 + R-\overset{H}{\underset{}{C}}=O \longrightarrow Et_2B-CH-CH_2-\overset{R}{\underset{H}{C}}-O^-$$
$$\underset{Et}{|}$$

$$\xrightarrow[\text{2) [O]}]{\text{1) H}^+} HO-CH-CH_2-\overset{R}{\underset{H}{C}}-OH \quad (4 \cdot 24)$$
$$\underset{Et}{|}$$

4・3・2 ホウ素エノラートのアルドール反応

ホウ素エノラートはアルドール反応においてリチウムエノラートよりも高い立体選択性を示す．ホウ素と酸素の結合距離が短いためよりコンパクトな六員環遷移状態をとり，立体的な影響がより反映されるためと考えられる．ホウ素エノラートを立体選択的に合成する方法も確立されており，ホウ素エノラートを用いるアルドール反応は鎖状化合物の立体制御法として基本的な手法の一つとなっている［式(4・25)］．ホウ素エノラート上に不斉補助基を導入したものを用いて，光学活性アルドール生成物を得る研究も盛んになされている．

$$\underset{}{\overset{O}{\|}}\text{SCEt}_3 \xrightarrow[\text{2) RCHO}]{\text{1) B-OTf}/i-\text{Pr}_2\text{NEt}} R\overset{OH}{\underset{}{\overset{|}{C}}}\overset{O}{\underset{}{\overset{\|}{C}}}\text{SCEt}_3 + R\overset{OH}{\underset{}{\overset{|}{C}}}\overset{O}{\underset{}{\overset{\|}{C}}}\text{SCEt}_3$$

シン　　3:97　　アンチ

R = n–C$_3$H$_7$　97.9%ee
R = i–Pr　　99.5%ee
R = t–Bu　　99.9%ee

(4・25)

4・4　有機アルミニウム化合物とカルボニル化合物の反応

メチルリチウムやメチルグリニャール化合物と同様にトリメチルアルミニウムもアルキル化剤として利用される．塩基性をもたない求核的なメチル化剤である．

4・4 有機アルミニウム化合物とカルボニル化合物の反応

この点が，塩基としても用いられる有機リチウムや有機マグネシウム化合物と少し異なっている．たとえばカルボン酸にトリメチルアルミニウムを高温で作用させるとカルボキシ基を直接第三級ブチル基に変換することができる［式(4・26)］．ケトンは gem-ジメチル体になる［式(4・27)］．

$$\underset{R=CH_2=CH(CH_2)_8-}{RC(=O)-OH} \xrightarrow{Me_3Al} RC(=O)-Me \xrightarrow{Me_3Al} R-\underset{OH}{\overset{Me}{\underset{|}{C}}}-Me \xrightarrow[120\ ^\circ C]{Me_3Al} R-\underset{Me}{\overset{Me}{\underset{|}{C}}}-Me \quad \text{収率 68\%} \tag{4・26}$$

$$\text{(cycloheptanone)}=O + Me_3Al \xrightarrow{180\ ^\circ C} \text{(cycloheptane)}\underset{Me}{\overset{Me}{<}} \quad \text{収率 55\%} \tag{4・27}$$

トリアルキルアルミニウムのケトンやアルデヒドに対する求核付加反応は，上にあげたトリメチルアルミニウムの場合には，反応性が高く有用な反応が数多く報告されている．しかし，アルキル基がエチル基，プロピル基と炭素鎖が長くなるとトリメチルアルミニウムに比べて反応性も低くなり，また β 水素脱離によってアルミニウムヒドリドが反応系中で生成し，これによる還元反応という副反応を伴うことから，一般的な有用性はない．

これに対してアルケニルアルミニウムやアルキニルアルミニウムはアルデヒドに対して容易に付加して，アリルアルコールやプロパルギルアルコールを収率よく与える．アルケニルアルミニウムの反応は二重結合まわりの立体化学を保持しながら進行し，対応するアリルアルコールを生成する．アルミニウムをアート錯体にしておくと反応はよりスムースに進行する．1-オクチンに $i\text{-}Bu_2AlH$ を作用させアルケニルアルミニウムにした後，ここにメチルリチウムを加えることによって調製したアート錯体を用いる例を式(4・28)に示す．

$$RC\equiv CH \xrightarrow{i\text{-}Bu_2AlH} \underset{H}{\overset{R}{>}}C=C\underset{Al\text{-}i\text{-}Bu_2}{\overset{H}{<}} \xrightarrow{MeLi} \underset{H}{\overset{R}{>}}C=C\underset{Al^-Me(i\text{-}Bu)_2}{\overset{H}{<}}$$

$$\xrightarrow{R'CHO} \underset{H}{\overset{R}{>}}C=C\underset{\underset{R'}{CHOH}}{\overset{H}{<}} \tag{4・28}$$

アルデヒドやケトンの代わりにエポキシドを用いることもできる．とくにアルキニルアルミニウムによるアルキニル化反応は収率よく進行する［式(4・29)］．

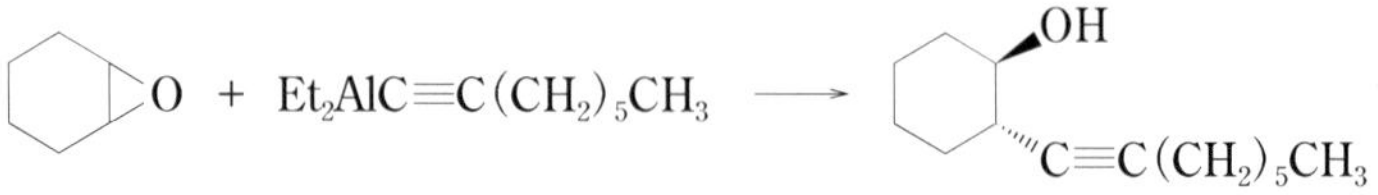

$$\text{（エポキシド）} + \text{Et}_2\text{AlC}\equiv\text{C(CH}_2)_5\text{CH}_3 \longrightarrow \text{（シクロヘキサン-OH, C}\equiv\text{C(CH}_2)_5\text{CH}_3\text{）}$$

(4・29)

4・5　有機ケイ素化合物とカルボニル化合物の反応

ケイ素は周期表では炭素の下に位置するが，その性質は炭素とは大きく異なる．ここでは，以下に述べるカルボニル化合物との反応に関して，ケイ素の特徴を二つあげる．まず一つめはケイ素のヘテロ原子に対する大きな親和力である．結合解離エネルギーを炭素と比較すると表4・3のようになる．酸素や塩素との親和性が強く，とくにフッ素との親和力はずば抜けて大きい．この大きな親和力が反応の引き金としてよく用いられている．もう一つの特徴は，有機ケイ素基がα位の炭素陰イオンを安定化し，さらにβ位については炭素陽イオンを安定化することである．前者は，$(\sigma^*\text{-}p)\pi$共役によるものである．すなわち，ケイ素に隣接する炭素上の陰イオンはケイ素の電気陰性度(1.8)の低さやアルキル–ケイ素結合の反結合軌道(σ^*あるいはd空軌道)により共鳴安定化されると考えられる．一方後者のβ位炭素カチオンの安定化については，ケイ素とα炭素との結合のσ結合からのβ炭素カチオンへの電子供与による安定化で説明されている．$(\sigma\text{-}p)\pi$共役であり，水素–炭素σ結合による隣接炭素陽イオンの安定化のときの超共役

表 4・3　結合解離エネルギー　(kJ mol^{-1})

Si—C	318	Si—O	531	Si—Cl	471	Si—F	808
C—C	334	C—O	340	C—Cl	335	C—F	452

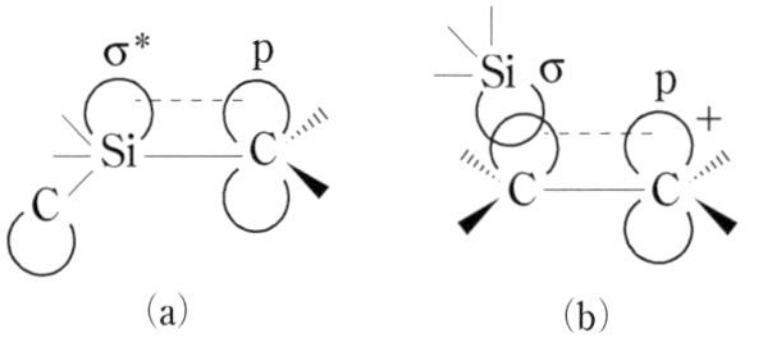

図 4・4　$(\sigma^*\text{-}p)\pi$共役(a)と$(\sigma\text{-}p)\pi$共役(b)
［E. W. Clovin, "Silicon in Organic Synthesis", p. 13, 19, Butterworth (1981)］

と同じである．次に述べるアリルシランやビニルシランのカルボニル化合物との反応の位置選択性はβ位炭素カチオンの安定性を考えればよい（図4・4）．

4・5・1　ビニルシランとカルボニル化合物の反応

　塩化アルミニウムのようなルイス(Lewis)酸共存下で，ビニルシランに酸塩化物を作用させると，α,β-不飽和ケトンが得られる．塩化アルミニウムと塩化アセチルから生成するアシルカチオンに対してビニルシランのπ結合が攻撃する．その際ケイ素基のβ位にカチオンが生成するように新しいC—C結合ができる．最終的に親電子剤であるアシル基がケイ素と置きかわった生成物が得られる［式(4・30)］．

$$Me_3Si-CH=CH_2 + CH_3COCl \xrightarrow{AlCl_3} \left[\begin{array}{c} Me_3Si \cdots Cl-\bar{Al}Cl_3 \\ \overset{+}{\underset{|}{C}}\\ O=C\\ CH_3 \end{array} \right] \longrightarrow CH_3\overset{O}{\underset{\|}{C}}-CH=CH_2$$

(4・30)

なおアルキニルシランもビニルシランと同様な反応性を示す［式(4・31)］．分子内反応に利用すると大員環のイノンの合成法となる［式(4・32)］．

$$R^1C\equiv C-SiMe_3 + R^2COCl \xrightarrow{AlCl_3} R^1C\equiv C-CR^2 \quad (4・31)$$
$$\overset{\|}{O}$$

$$Me_3SiC\equiv C(CH_2)_{12}COCl \xrightarrow{AlCl_3} \underset{15}{\bigcirc} \quad (4・32)$$

4・5・2　アリルシランとカルボニル化合物の反応

　アリルシランもビニルシランと同様，ルイス酸の共存下に求電子剤と反応する．β位にカチオンが生成するようにγ位で位置選択的に反応する．塩化アルミニウム共存下での酸塩化物との反応例をあげる［式(4・33)］．

$$\text{(4・33)}$$

ルイス酸としてはAlCl₃のほか，BF₃，SnCl₄，TiCl₄，TMSOTfなども用いられる．一方，カルボニル化合物については，酸ハロゲン化物以外にもアルデヒド，ケトンさらにはアセタールも容易に反応する[式(4・34)]．これらルイス酸によって活性化されたカルボニル化合物とアリルシランの反応は細見-桜井反応とよばれている．

$$\text{(4・34)}$$

ルイス酸を用いて求電子剤を活性化する方法とは逆に，フッ素アニオンのケイ素に対する強い親和性を用いてアリルアニオンを発生させ，これをカルボニル化合物で捕捉する方法もある．この場合にはアリル基の位置選択性は失われる．たとえば，クロチルシランとアルデヒドをフッ化テトラブチルアンモニウムで処理すると，対応するホモアリルアルコールが二つの位置異性体の混合物として得られる[式(4・35)]．クロチルシランの異性体である1-メチル-2-プロペニルシランを出発原料としても得られる二つのホモアリルアルコールの生成比は同じである．分子内反応についても合せて示す[式(4・36)]．

$$\text{(4・35)}$$

$$\text{(4・36)}$$

4・5・3 シリルエノールエーテルとカルボニル化合物の反応

シリルエノールエーテルはβ位の電子密度が高く，この位置で求核的反応を行う．シリルエノールエーテルの共鳴構造を式(4・37)に示す．

$$\left[\underset{\beta}{C}=\underset{\alpha}{C}{-}\ddot{O}SiMe_3 \quad \longleftrightarrow \quad \overset{-}{C}{-}C{-}\overset{+}{O}{-}SiMe_3 \right] \tag{4・37}$$

たとえば四塩化チタンの共存下にアルデヒドあるいはケトンを反応させるとそれぞれ対応するβ-ヒドロキシケトンが生成する[式(4・38)]．また酸塩化物を用いると1,3-ジケトンが得られる[式(4・39)]．

$$\text{(cyclohexene-OSiMe}_3) + R^1COR^2 \xrightarrow{TiCl_4} \text{β-ヒドロキシケトン生成物} \tag{4・38}$$

$$\text{(cyclohexene-OSiMe}_3) + RCOCl \xrightarrow{TiCl_4} \text{1,3-ジケトン生成物} \tag{4・39}$$

ケトンとの反応の反応機構は次のように考えられる．まず四塩化チタンとシリルエノラートの間でケイ素-チタン交換反応が起こり，チタンエノラートが生成する．そしてこのエノラートがケトンと六員環遷移状態を経て反応し，β-ヒドロキシケトンを与える[式(4・40)]．

$$Me_3SiO\underset{R^1}{\overset{R^2}{C}}{=}\underset{R^3}{C} \xrightarrow{TiCl_4} Cl_3TiO\underset{R^1}{\overset{R^2}{C}}{=}\underset{R^3}{C} \xrightarrow{RCOR'} \cdots \longrightarrow \underset{R^1}{\overset{O}{C}}{-}\underset{R^2\ R^3}{\overset{OH}{C}}{-}\underset{R}{\overset{R'}{C}} \tag{4・40}$$

シリルエノラートは単離することができるため，位置異性体を分離精製できる．したがってケトンからの直接的エノール化では純粋なエノラートをつくり出すことが難しい場合にも位置異性体のないエノラートを得ることができる．2-メチル

シクロヘキサノンからつくり分けた二つのエノラートとベンズアルデヒドの反応例を示す[式(4・41)].

$$(4・41)$$

アリルシランの場合と同様にルイス酸ではなくフッ化物イオンを用いて脱シリル化を行い,エノラートを発生させることもできる[式(4・42)].

$$(4・42)$$

α,β-不飽和ケトンとはマイケル(Michael)付加反応を起こす[式(4・43)].

$$(4・43)$$

4・6 有機スズ化合物とカルボニル化合物の反応

アリルシランと同様にアリルスズ化合物はルイス酸触媒の存在下でアルデヒドをアリル化することができる[式(4・44)].

$$(4・44)$$

一方,アリルトリアルキルスズは対応するアリルトリアルキルシランよりも反応性が高く,無触媒でも200℃の高温条件下で,電子求引基で活性化されたアルデヒドとは反応し,アリル転位を伴ってホモアリルアルコール生成物を与える. E 体のクロチルスズからはアンチ体が[式(4・45)],Z 体のクロチルスズからはシン体生成物が[式(4・46)]選択的に生成する.このことから反応は六員環遷移状態を経て進行していると考えられる.

$$n\text{-Bu}_3\text{Sn}\diagdown\diagup + \text{Cl}_3\text{CCHO} \xrightarrow{200\,°\text{C}} \begin{array}{c}\text{Cl}_3\text{C}\diagdown\diagup\diagdown\diagup\\ \text{OH}\end{array}$$

アンチ：シン＝9：1

(4・45)

$$n\text{-Bu}_3\text{Sn}\diagdown\diagup + \text{Cl}_3\text{CCHO} \xrightarrow{200\,°\text{C}} \begin{array}{c}\text{Cl}_3\text{C}\diagdown\diagup\diagdown\diagup\\ \text{OH}\end{array}$$

シン＞99％

(4・46)

活性化されていないカルボニル化合物との反応はほとんど進行しない．はじめに述べたようにルイス酸触媒の添加が必要である．この場合には熱反応の場合とは異なり，E 体のクロチルスズからも Z 体のクロチルスズからもいずれもシン体の生成物が選択的に得られる［式(4・47)］．非環状の遷移状態を経由して反応が進行していると考えられる［式(4・48)］．

$$n\text{-Bu}_3\text{Sn}\diagdown\diagup \xrightarrow{\text{PhCHO}/\text{BF}_3} \begin{array}{c}\text{Ph}\\ \text{OH}\end{array} \xleftarrow{\text{PhCHO}/\text{BF}_3} n\text{-Bu}_3\text{Sn}\diagdown\diagup$$

(4・47)

(4・48)

4・7　有機銅化合物とカルボニル化合物の反応

銅アート錯体は α,β-不飽和ケトンや α,β-不飽和エステルに対して 1,4 付加する．有機リチウム化合物やグリニャール反応剤が 1,2 付加するのと対照的である［式(4・49)］．

$$\text{(4·49)}$$

反応性は共役ケトン＞共役エステルの順であり，二重結合のまわりの立体障害が増加すると反応性は著しく減少する．このような場合には $RCu \cdot BF_3$ を用いると収率よく 1,4 付加体が得られる［式(4·50)］．また CuCN から調製したアート錯体も有効である［式(4·51)］．

$$\text{(4·50)}$$

$$\text{(4·51)}$$

共役付加反応の機構に関しては，式(4·52)に示すように，クプラートからエノンへの一電子移動を含む経路と Cu(I)-アルケン π 錯体を中間体とする経路の二つの可能性がある．古くは，一電子移動機構が提唱され，実際，とくに還元をうけやすい基質ではこの機構で反応が進行している可能性も大きい．しかし現在では，ほとんどの基質で Cu(I)アルケン錯体内での二電子移動を経て反応が進行していると考えられている．後者の π 錯体の生成は低温 NMR によって確認されており，Cu(I)の充填 3d 軌道とエノンの炭素-炭素二重結合の π^* 軌道との相互作用により形成されると考えられる．いずれの経路においても，生成物は共通の不安定な Cu(III)中間体からの還元的脱離によって得られる．

4・8 有機チタン化合物とカルボニル化合物の反応

$$
\begin{array}{c}
\text{(反応機構図式)} \\
\text{電子移動, アルケンのπ錯体の形成, Cu(I)の求核付加, カップリング, 還元的脱離}
\end{array}
\tag{4・52}
$$

　有機銅アート錯体の求核性は，対応するアルキルリチウムやハロゲン化アルキルマグネシウムと比べてかなり小さく，ケトン，エステル，カルボン酸などのカルボニル化合物とは反応しない．この性質のために酸ハロゲン化物と銅アート錯体の反応はケトンの有用な合成法となっている[式(4・53)]．酸ハロゲン化物から生成したケトンは銅アート錯体とは反応しない．

$$
(n\text{-}C_7H_{15})_2\text{CuLi} + CH_3CBr(=O) \longrightarrow n\text{-}C_7H_{15}\text{-CH=CH-C(=O)CH}_3 \quad 61\%
\tag{4・53}
$$

　通常，銅に結合した二つの有機基のうち一つしか反応に利用できない．そこで有機基の損失を回避するため非対称銅アート錯体 $Me(CH_2=CH)CuLi$, $n\text{-}Bu(Me_3SiC\equiv C)CuLi$ やヘテロ銅アート錯体 $RCu(CN)Li$, $(t\text{-}Bu)Cu(SPh)Li$ など新しい有機銅反応剤が開発されている．

4・8 有機チタン化合物とカルボニル化合物の反応

4・8・1 アルキル錯体とカルボニル化合物の反応

　有機チタン化合物はアルキルリチウムやグリニャール反応剤と同様にカルボニル化合物と反応する[式(4・54)]．官能基選択性が高く，たとえば $MeTi(O\text{-}i\text{-}Pr)_3$ をベンズアルデヒドとアセトフェノンの混合物に加えると，アルデヒドだけが反応し，ケトンは未反応のまま回収される．これに対し MeLi を作用させた場

合にはアルデヒドとケトンを区別することはできない.

$$PhCHO + PhCCH_3 \xrightarrow[25°C]{エーテル} PhC(H)(OH)CH_3 + Ph\underset{OH}{\overset{CH_3}{C}}CH_3$$

CH$_3$Li   50 : 50
CH$_3$Ti(O-i-Pr)$_3$ > 99 : 1

(4・54)

また,隣接基とのキレート効果によって立体選択的なメチル化も起こる[式(4・55)].

$$Ph-O-\underset{CH_3}{\overset{}{CH}}-\underset{O}{\overset{}{C}}H \xrightarrow{CH_3TiCl_3} Ph-O-\underset{CH_3}{\overset{}{CH}}-\underset{CH_3}{\overset{OH}{CH}} + Ph-O-\underset{CH_3}{\overset{}{CH}}-\underset{CH_3}{\overset{OH}{CH}}$$

92 : 8

(4・55)

Me$_2$TiCl$_2$ は,TiCl$_4$ のジクロロメタン溶液に当量の ZnMe$_2$ を加えることにより 90% 以上の純度で得られる.この溶液にケトンを加えることにより,トリメチルアルミニウムの場合と同様に直接メチル基を2個導入することができる.さらに,Me$_2$TiCl$_2$ を用いるアルデヒドのジメチル化も可能である[式(4・56)].

$$\text{(ケトン)} \xrightarrow{Me_2TiCl_2} \text{(ジメチル体)}$$

$$ArCHO \xrightarrow{Me_2TiCl_2} ArCHMe_2 \qquad (4・56)$$

クロチルチタン化合物をアルデヒドやケトンに反応させると,ホモアリルアルコールが立体選択的に生成する[式(4・57)].

$$(PhO)_3TiCH_2-CH=CHCH_3 + R_LR_SC=O \longrightarrow \underset{H}{\overset{HO\;\;R_S}{\underset{R_L}{C}}} \overset{}{\underset{CH_3}{}}$$

R$_L$ = t-Bu	R$_S$ = H	> 98% ds
R$_L$ = Ph	R$_S$ = CH$_3$	88% ds
R$_L$ = t-Bu	R$_S$ = CH$_3$	98% ds

(4・57)

4・8・2　アルキリデン錯体(テッベ錯体)とカルボニル化合物の反応

　チタノセンジクロリド(Cp_2TiCl_2)と2当量の$AlMe_3$との反応によって$AlClMe_2$が配位したチタンのカルベン錯体が合成された。テッベ(Tebbe)錯体として市販されている。テッベ錯体のアルミニウム上の二つのMe基は$Al(CD_3)_3$で変換可能である[式(4・58)]。

$$Cp_2TiCl_2 + 2\,AlMe_3 \xrightarrow[25\,°C, 60\,h]{\text{トルエン}} Cp_2Ti\underset{Cl}{\overset{CH_2}{\diamond}}AlMe_2 + CH_4 + AlMe_2Cl$$

$$\rightleftarrows Cp_2Ti{=}CH_2 \cdot ClAlMe_2 \qquad \xrightarrow{Al(CD_3)_3} Cp_2Ti\underset{Cl}{\overset{CH_2}{\diamond}}Al(CD_3)_2$$

(4・58)

　テッベ錯体はアルケンのメタセシス反応(8章参照)の触媒となるほか,カルボニル化合物と反応してメチレン化体を与える。エステルやアミドとも反応することが大きな特徴である。アルデヒドやケトンはリンイリド($Ph_3P{=}CH_2$)と反応して,対応するメチレン化体を与えるが,エステルやアミドはリンイリドと反応しない。ラクトンとテッベ錯体との反応例を式(4・59)に示す。

(4・59)

　テッベ錯体の有機合成における有用性を示す例を次にあげる。アリルエステルを基質とした場合,アリルビニルエーテルを得ることができる。これはさらに加熱すると[3,3]シグマトロピー転位を起こし,γ,δ-不飽和ケトンへと変換される[式(4・60)]。

(4・60)

またCp_2TiCl_2と2当量のMeLiから合成できるCp_2TiMe_2をカルボニル化合物

と反応させることにより同様のメチレン化反応を行うことができる[式(4・61)].

$$\underset{R}{\overset{O}{\|}}\!\!-\!\!X \xrightarrow{Cp_2TiMe_2} \underset{R}{\overset{CH_2}{\|}}\!\!-\!\!X \quad X = H, アルキル, アリール, ビニル, OR$$

(4・61)

RCHBr$_2$ / TiCl$_4$ / Zn / TMEDA の反応系を用いるとエステルやチオエステルなどのアルキリデン化が可能となる.反応は高い立体選択性をもって進行する[式(4・62)].反応活性種は単離されていないが,ジメタル種(RCHM$_2$, M = Zn あるいは Ti)と考えられる.

$$\underset{R}{\overset{O}{\|}}\!\!-\!\!OR^1 \quad あるいは \quad \underset{R}{\overset{O}{\|}}\!\!-\!\!SR^1 \xrightarrow[\substack{Zn/TiCl_4 \\ TMEDA}]{R^2CHBr_2} \underset{R}{\overset{R^2}{\|}}\!\!=\!\!\underset{(SR^1)}{\overset{OR^1}{\|}}$$

(4・62)

なおシュロック(Schrock)型カルベン錯体もテッベ錯体と同様にカルボニル化合物と反応して対応するアルケンを与える[式(4・63)].

$$\begin{array}{c} PhCHO \\ あるいは \\ HCOOEt \end{array} + \underset{t\text{-}BuCH_2}{\overset{t\text{-}BuCH_2}{\|}}\!\!Ta\!\!=\!\!C\underset{t\text{-}Bu}{\overset{H}{\|}} \longrightarrow \begin{array}{l} Ph\!\!-\!\!\!\sim\!\!\!t\text{-}Bu \quad E/Z = 35:65 \\ EtO\!\!-\!\!\!\sim\!\!\!t\text{-}Bu \quad E/Z = 50:50 \end{array}$$

(4・63)

4・8・3 チタンのホモエノラートの反応

チタンのホモエノラート ROOCCH$_2$CH$_2$TiCl$_3$ はケトンとは反応しないが,アルデヒドとは反応してブチロラクトンを与える.ベンズアルデヒドや α,β-不飽和アルデヒドとの反応では塩素化された化合物が得られる.トリクロロチタンのホモエノラートと Ti(OR′)$_4$ から誘導された ROOCCH$_2$CH$_2$TiCl$_2$(OR′) は反応性が大きくなりケトンとも反応する[式(4・64)].

$$\text{(4・64)}$$

4・9 有機水銀化合物とカルボニル化合物の反応

　炭素–水銀結合は分極が小さいため炭素原子の求核性が低い．したがってカルボニル化合物とはほとんど反応しない．しかしながらアリール，アルケニルおよびアルキニル水銀塩はアルキル水銀塩と比較してσ–π共役によって親電子剤の攻撃をうけやすくなっており酸塩化物によるアシル化は進行する [式(4・65)]．アルケニル水銀塩では α,β–不飽和ケトンが得られる．反応は立体保持で進行する [式(4・66)]．

$$\text{PhHgCl} + \text{RCOCl} \longrightarrow \text{PhCOR} + \text{HgCl}_2 \quad (4・65)$$

$$\underset{\text{HgCl}}{\overset{R^1}{\text{C}}}{=}\underset{\text{H}}{\overset{\text{H}}{\text{C}}} + R^2\text{COCl} \longrightarrow \underset{\text{H}}{\overset{R^1}{\text{C}}}{=}\underset{\text{COR}^2}{\overset{\text{H}}{\text{C}}} + \text{HgCl}_2$$
$$(4・66)$$

　α–マーキュリオケトンとアルデヒドの反応により，エリトロ体のβ–ヒドロキシケトンが選択的に得られる [式(4・67)]．

$$\text{(cyclohexanone)-HgI} + \text{PhCHO} \xrightarrow{\text{BF}_3\cdot\text{Et}_2\text{O}} \text{products} \quad 90:10 \quad 60\%$$
$$(4・67)$$

4・10 アリルクロムならびにビニルクロム反応剤とカルボニル化合物の反応

　グリニャール反応剤の調製のところ(3・2・2項)で述べたように，ハロゲン化アルキルと金属マグネシウムからアルキルマグネシウム種を手にとろうとしたところが Grignard 先生のすばらしいところである．これに対してカルボニル化合物のような求電子剤の共存下に，系中でハロゲン化アルキルとマグネシウムから有機ハロゲン化マグネシウムを発生させ，その場ですぐにこの求核種を捕捉する方法はバルビエール(Barbier)型反応とよばれる．このバルビエール型の反応が目的の炭素-炭素結合生成反応に有利な場合がある．とくに微量のハロゲン化物を用いる反応ではこのハロゲン化物からまずグリニャール反応剤を調製し，次にここへアルデヒドやケトンなどの求電子剤を加えて反応させることは困難である．ハロゲン化物，カルボニル化合物，そしてマグネシウム金属の三者を同時に混合しておいて一挙に反応させるほうが反応操作は容易である．

　臭化アリルに二価の塩化クロムを作用させるとアリルクロム種が生成する．ここにアルデヒドが存在すると，カルボニル基に対するアリル基の付加が起こり，ホモアリルアルコールが得られる．実際の反応は，無水塩化クロム(II)にアルデヒド，続いて臭化アリルを加え数時間室温でかくはんすることによって行われる．これがバルビエール型の反応である．系中でまず臭化アリルとクロムからアリルクロム種が生成し，このアリルクロム種がすぐに共存しているアルデヒドを攻撃することによって生成物であるホモアリルアルコールが収率よく得られる．臭化アリルの代わりに臭化クロチルを用い，溶媒として THF を用いた場合には反応は立体選択的に進行しアンチ体がほぼ単一の異性体として得られる［式(4・68)］．クロチルクロムのメチル基とアルデヒドのR基がエクアトリアル位を占めるいす形の六員環遷移状態を経由して反応が進行するためと考えられている．

$$\text{RCHO} + \diagup\!\!\!\diagdown\!\text{Br} \xrightarrow[\text{THF}]{\text{CrCl}_2} \text{R}\diagup\!\!\!\diagdown \text{OH} \quad \left[\begin{array}{c} \text{CH}_3 \cdots \text{H} \\ \text{R} \diagdown \text{O} \diagdown \text{CrL}_n \\ \text{H} \end{array} \right]$$

(4・68)

4・10 アリルクロムならびにビニルクロム反応剤とカルボニル化合物の反応

このアリルクロム反応剤はアルデヒドとケトンを区別することができる．たとえば式(4・69)の例のように同一化合物のなかにアルデヒドとケトン両方の官能基をもつ基質に対してアリルクロム反応剤を作用させるとアルデヒド部分だけがアリル化され，ケトン部位はそのまま残った生成物が得られる．

$$\text{OHC}\sim\sim\text{CO}\sim\sim + \text{Br}\diagup\diagdown \xrightarrow{\text{CrCl}_2} \diagup\diagdown\text{CH(OH)}\sim\sim\text{CO}\sim\sim \quad (4\cdot69)$$

アルケニルクロム種もアルデヒドに付加してアリルアルコールを与える．アリルクロム種の場合と同様にハロゲン化アルケニルとアルデヒドの混合物に二価の塩化クロムを作用させればいいのだが，これだけでは反応が進行しない．触媒量のニッケルの添加が必須である．反応は次のように進行する．まず二価クロムが塩化ニッケル(II)を還元して0価ニッケルを与える．次に生成した0価ニッケルがハロゲン化アルケニルに対して酸化的付加する．その後，ニッケルとクロムの間で金属交換が起こりアルケニルクロム種が生成し，これがアルデヒドのカルボニル炭素を求核攻撃してアリルアルコールを与える[式(4・70)]．

$$\begin{array}{c}
\text{CH}_2=\text{CHX} \longrightarrow \text{CH}_2=\text{CH-Ni-X} \xrightarrow{\text{Cr(III)}} \text{CH}_2=\text{CH-Cr(III)} \\
\uparrow \qquad \qquad \downarrow \qquad \qquad \downarrow \text{RCHO} \\
\text{Ni(0)} \longleftarrow \text{Ni(II)} \qquad \text{CH}_2=\text{CH-CH(OH)R}
\end{array} \quad (4\cdot70)$$
$$2\,\text{Cr(III)} \quad 2\,\text{Cr(II)}$$

多くの官能基が共存していても非常に穏和な条件で反応が進行するために，天然物合成において広く利用されている．分子内反応[式(4・71)]ならびに分子間反応[式(4・72)]を一例ずつあげる．

4 カルボニル化合物に対する反応

分子内反応

$$\text{(4·71)}$$

分子間反応

$$\text{(4·72)}$$

5 炭素-炭素二重結合，炭素-炭素三重結合への付加反応

> 有機金属化合物の金属-炭素結合が炭素-炭素多重結合に付加する反応はカルボメタル化反応とよばれる．炭素-炭素結合が生成されるのみならず，新たに金属-炭素結合ができる．これをさらに変換することができるため，有機合成化学的な利用価値が高い．本章ではこのようなカルボメタル化反応に関し，数々の反応例から金属の特徴について学ぶ．

一般の炭素-炭素二重結合や炭素-炭素三重結合はカルボニル基に比べるとほとんど分極していない．したがってイオン性の強い金属-炭素結合をもつ有機金属化合物の付加は一般に容易ではない．むしろ，極性が低い有機金属化合物が付加反応によく用いられる．一方，カルボニル基やシアノ基などの電子求引性基で活性化された不飽和結合に対して有機金属化合物は比較的容易に付加することができる．このような付加反応を 1,4-付加反応，あるいは共役付加反応とよぶ．これについては 4 章を参照されたい．以下，炭素-炭素二重結合ならびに三重結合に対する付加反応について金属別に述べる．

5・1　有機リチウム化合物の付加反応

有機リチウム化合物の炭素-炭素多重結合への付加反応性はグリニャール (Grignard) 反応剤よりも高いが，有機アルミニウム化合物より低い．一般のアルケンには付加しないが，付加後の有機リチウムが安定化をうける場合には付加す

ることがある．式(5・1)では付加反応により生成した有機リチウムが1,3-ジチアンにより安定化されている．

$$\text{（1,3-ジチアン）} + t\text{-BuLi} \longrightarrow \text{（Li付加体）} \qquad (5・1)$$

1,3-ジチアンによる安定化

ケイ素はα位のアニオンを安定化する効果をもつので(4・5節参照)，アルケニルシランに対してアルキルリチウムが付加する[式(5・2)]．

$$\text{Me}_3\text{Si}\diagup\!\!\!\diagdown + \text{EtLi} \longrightarrow \text{Me}_3\text{Si}\underset{\text{Li}}{\text{CH}}\text{–CH}_2\text{Et} \qquad (5・2)$$

ケイ素によるα位アニオン種の安定化

アルキルリチウムはスチレンに付加する．生成した有機リチウム化合物がフェニル基によって共鳴安定化される[式(5・3)]．

$$\text{Ph}\diagup\!\!\!\diagdown + \text{RLi} \longrightarrow \text{Ph}\underset{\text{Li}}{\text{CH}}\text{–CH}_2\text{R} \qquad (5・3)$$

アルキルリチウムは共役ジエンにも付加する．この反応はイソプレンから合成ゴムを合成する工業プロセスで利用されている[式(5・4)]．

$$\text{（イソプレン）} + \text{EtLi} \longrightarrow \text{Li–CH}_2\text{–C(Me)=CH–CH}_2\text{Et} \xrightarrow{n} \text{Li}{-}(\text{CH}_2\text{C(Me)=CHCH}_2)_n\text{–Et} \qquad (5・4)$$

アリルアルコールへの付加も知られている．この反応では近傍に存在する酸素原子がリチウムに配位し安定化している．このとき，光学活性ジアミンをリチウムの配位子として用いることによってエナンチオ選択的な付加も可能になる[式(5・5)]．

$$\text{Ph}\diagup\!\!\!\diagdown\text{OH} + n\text{-BuLi} \xrightarrow[\text{ヘキサン, 0°C}]{(-)\text{-スパルテイン}} \underset{\text{Li}}{\overset{\text{Ph}\quad n\text{-Bu}}{\text{（環状中間体）}}} \xrightarrow{\text{H}_3\text{O}^+} \underset{78\%\text{ee}}{\text{Ph–CH(}n\text{-Bu)–CH}_2\text{OH}} \qquad (5・5)$$

5・1 有機リチウム化合物の付加反応

一方,アリルリチウムは分子内の適切な位置にあるアルケンに付加する.生成したアルキルリチウムは酸性度の高いアリル位のプロトンを引き抜き,再びアリルリチウムを生成する[式(5・6)].

$$\text{(図)} \tag{5・6}$$

このようなアリル金属種と炭素–炭素不飽和結合との反応は金属エン反応とよばれ,アルキル金属種よりも容易に反応する.これらは六員環状の遷移状態を通っていると考えられている[式(5・7)].リチウムのほかにマグネシウム(5・2節参照)や亜鉛(5・4節参照)などで同様の反応が知られている.

$$\text{(図)} \tag{5・7}$$

有機リチウム化合物のアルキン類への付加反応例は限られているが,式(5・8),(5・9)のような例が知られている.

$$\text{Ph}\equiv\text{Ph} + \text{RLi} \longrightarrow \text{(図)} \tag{5・8}$$

$$\text{(図)} \tag{5・9}$$

また,鉄触媒を用いることによりヘテロ原子をもつアルキンにシス付加する.式(5・10)の反応では生成するアルケニルリチウムは酸素原子の配位をうけ安定化されている.

$$\text{(図)} + n\text{-BuLi} \xrightarrow{\text{Fe 触媒}} \text{(図)} \tag{5・10}$$

5・2 グリニャール反応剤の付加反応

グリニャール反応剤は通常, 分極していない不活性な炭素-炭素不飽和結合に対しては付加しない. しかし, プロパルギルアルコールに対してはトランス付加し, 対応するアルケニルグリニャール反応剤を与える[式(5・11)]. このとき1当量のグリニャール反応剤は塩基として消費されるため, 過剰量のグリニャール反応剤が必要である.

$$\text{HC≡C-CH}_2\text{OH} + \text{RMgCl} \longrightarrow \text{[alkenyl-Mg-O cycle with R]} \tag{5・11}$$

また, アリルリチウムと同様にアリルグリニャール反応剤も分子内の適切な位置にあるアルケンに対し, 金属エン反応経由で付加する[式(5・12)]. この反応は数々の天然物合成に応用されている.

$$\tag{5・12}$$

チャコール-A

分子間での付加反応はより難しいが, 式(5・13), (5・14)のようにマンガンやチタンなどを触媒として用いることで進行する例が知られている.

$$n\text{-C}_6\text{H}_{13}\text{-C≡C-CH}_2\text{CH}_2\text{OMe} + \text{CH}_2\text{=CH-CH}_2\text{MgBr} \xrightarrow{\text{Mn 触媒}} \tag{5・13}$$

$$\xrightarrow{\text{Ti 触媒}} \tag{5・14}$$

エチルグリニャール反応剤の付加にはジルコニウム触媒が活性である. ヘテロ原子をもつアルケンだけでなく, とくに安定化をうけないアルケンに対しても付

加する［式(5・15), (5・16)］．

$$\text{Me}_2\text{N}\diagup\!\!\diagdown + \text{Et}_2\text{Mg} \xrightarrow{\text{Zr 触媒}} \text{Me}_2\text{N}\diagup\!\!\overset{\text{Et}}{\underset{}{\diagdown}}\!\!\diagup\text{MgEt} \tag{5・15}$$

$$n\text{-}\text{C}_8\text{H}_{17}\diagup\!\!\diagdown + \text{EtMgBr} \xrightarrow{\text{Zr 触媒}} n\text{-}\text{C}_8\text{H}_{17}\diagup\!\!\overset{\text{Et}}{\underset{}{\diagdown}}\!\!\diagup\text{MgBr} \tag{5・16}$$

アリールグリニャール反応剤は鉄を触媒として用いることによりアルキンにシス付加する［式(5・17)］．

$$n\text{-Bu}\text{—}\!\!\equiv\!\!\text{—}\text{Ph} + \text{MeO}\text{—}\langle\!\!\!\bigcirc\!\!\!\rangle\text{—}\text{MgBr} \xrightarrow{\text{Fe 触媒}} \begin{array}{c}\text{MeO-C}_6\text{H}_4\\ \diagdown\!\!\diagup\text{C=C}\diagdown\!\!\diagup\\ n\text{-Bu} \quad \text{Ph}\end{array}\text{MgBr} \tag{5・17}$$

このようにして得られたグリニャール反応剤はさらにヨウ素やハロゲン化アリル，二酸化炭素などの求電子剤との反応に利用できるため，有機合成上有用である［式(5・18)］．

$$\begin{array}{c}\text{MeO-C}_6\text{H}_4\quad\text{MgBr}\\ \diagdown\!\!\!\text{C=C}\!\!\!\diagup\\ n\text{-Bu}\quad\text{Ph}\end{array} + \diagup\!\!\diagdown\!\!\text{Br} \longrightarrow \begin{array}{c}\text{MeO-C}_6\text{H}_4\\ \diagdown\!\!\!\text{C=C}\!\!\!\diagup\!\!\diagdown\!\!\diagup\\ n\text{-Bu}\quad\text{Ph}\end{array} \tag{5・18}$$

5・3　有機銅化合物の付加反応

有機銅化合物や有機銅アート錯体はアルキンにシス付加してアルケニル銅化合物を与える［式(5・19)］．

$$\equiv + \text{Et}_2\text{CuLi} \longrightarrow \left(\text{Et}\diagdown\!\!\!\text{C=C}\!\!\!\diagup\right)_2\text{CuLi} \xrightarrow{\text{PhS-SPh}} \text{Et}\diagdown\!\!\!\text{C=C}\!\!\!\diagup\text{SPh} \tag{5・19}$$

末端アルキンに対しては，位置選択的に末端炭素に銅が結合する［式(5・20), (5・

21)].

$$n\text{-Bu}-\!\!\!\equiv\!\!\!- + \text{EtCu} \longrightarrow \underset{n\text{-Bu}}{\overset{\text{Et}\quad\text{Cu}}{\diagdown\!=\!\diagup}} \xrightarrow{I_2} \underset{n\text{-Bu}}{\overset{\text{Et}\quad\text{I}}{\diagdown\!=\!\diagup}} \tag{5・20}$$

$$\equiv + \text{EtCu} \longrightarrow \overset{\text{Et}\quad\text{Cu}}{\diagdown\!=\!\diagup} \xrightarrow[\text{2) }H_3O^+]{\text{1) Br}-\!\!\!\equiv\!\!\!-\text{OSiMe}_3} \text{Et}\diagdown\!=\!\!\diagup-\!\!\!\equiv\!\!\!-\text{OH} \tag{5・21}$$

炭素-炭素三重結合への有機銅反応剤の付加の結果生じたアルケニル銅化合物は, さらに種々の求電子剤と反応することができるので多置換アルケン類の合成法として有用である. 式(5・20), (5・21)の例以外にも, 二酸化炭素, β-ラクトン, アルキニルエステルなどが良好な求電子剤としてはたらく[式(5・22), (5・23)].

$$\equiv + \diagup\!=\!\diagdown\!\diagup\!\diagdown\!\text{Cu} \longrightarrow \diagup\!=\!\diagdown\!\diagup\!\diagdown\!\diagup\!=\!\diagdown\!\text{Cu} \xrightarrow[\text{2) }H_3O^+]{\text{1) CO}_2} \diagup\!=\!\diagdown\!\diagup\!\diagdown\!\diagup\!=\!\diagdown\!\text{CO}_2\text{H} \tag{5・22}$$

$$\left(R\diagdown\!=\!\diagup\right)_2\text{CuLi} \xrightarrow[\text{2) }H_3O^+]{\text{1) }\square\!=\!\text{O}} R\diagdown\!=\!\diagup\diagdown\!\diagdown\!\text{CO}_2\text{H}$$

$$\xrightarrow[\text{2) }H_3O^+]{\text{1) }\equiv\!-\text{CO}_2\text{Et}} R\diagdown\!=\!\diagup\diagdown\!=\!\diagup\!\text{CO}_2\text{Et} \tag{5・23}$$

また, 臭化亜鉛を加えて金属交換を行ってから, クロスカップリング反応を行うこともできる[式(5・24)].

$$\left(R^1\diagdown\!=\!\diagup\right)_2\text{CuLi} + \text{ZnBr}_2 \longrightarrow R^1\diagdown\!=\!\diagup\text{ZnBr} \xrightarrow[\text{Pd 触媒}]{I\diagdown\!=\!\diagup R^2} R^1\diagdown\!=\!\diagup\diagdown\!=\!\diagup R^2 \tag{5・24}$$

アルキンにヘテロ元素官能基が加わるとカルボキュプレーションの位置選択性が変化する. チオエーテルでは硫黄と同じ炭素に銅が結合する[式(5・25)]. 一方,

プロパルギル位に酸素原子を有する末端アルキンの場合，末端側にアルキル基が導入され，銅は内部炭素に結合する［式(5・26)］．

$$\text{Ph}-\!\!\!\equiv\!\!\!-\text{SMe} + \text{RCu} \longrightarrow \underset{\text{Ph}\quad\text{SMe}}{\overset{\text{R}\quad\text{Cu}}{\text{C}=\text{C}}} \xrightarrow{\text{H}_3\text{O}^+} \underset{\text{Ph}\quad\text{SMe}}{\overset{\text{R}\quad\text{H}}{\text{C}=\text{C}}} \tag{5・25}$$

$$\underset{\text{OEt}}{\overset{\text{OEt}}{\equiv\!\!\!-}} + n\text{-Bu}_2\text{CuLi} \longrightarrow \underset{\text{H}\quad\underset{\text{EtO}}{\text{C}}\text{OEt}}{\overset{n\text{-Bu}\quad\text{Cu}}{\text{C}=\text{C}}}$$

$$\xrightarrow{\text{H}_3\text{O}^+} \underset{\text{H}\quad\underset{\text{EtO}}{\text{C}}\text{OEt}}{\overset{n\text{-Bu}\quad\text{H}}{\text{C}=\text{C}}} \tag{5・26}$$

5・4　有機亜鉛化合物の付加反応

　有機亜鉛化合物は有機リチウム化合物やグリニャール反応剤と比較して，炭素とより安定な共有結合を形成する．そのため通常のアルキル亜鉛などは炭素-炭素不飽和結合に対して付加しないが，アリル亜鉛化合物は比較的高い反応性をもち，特殊な炭素-炭素不飽和結合に対しては反応する．たとえばビニルもしくはアルキニルグリニャール反応剤との反応では一つの炭素にマグネシウムと亜鉛が結合したビスメタル化合物が得られる［式(5・27), (5・28)］．

$$\diagup\!\!\!\!=\text{MgX} + \diagup\!\!\!\!\diagdown\text{ZnBr} \longrightarrow \diagup\!\!\!\!=\diagdown\!\!\!\diagup\!\!\!\diagdown\underset{\text{MgX}}{\text{ZnBr}} \tag{5・27}$$

$$\text{Ph}-\!\!\!\equiv\!\!\!-\text{MgX} + \diagup\!\!\!\!\diagdown\text{ZnBr} \longrightarrow \diagup\!\!\!\!=\diagdown\!\!\!\underset{m}{\overset{\text{Ph}}{\text{C}}}\!\!\!=\!\!\!\underset{m=\text{ZnBr, MgBr}}{\text{ZnBr}} \tag{5・28}$$

　また，高いひずみエネルギーをもつシクロプロペンとは反応し，シクロプロピル亜鉛化合物を与える［式(5・29)］．

[式 (5・29)]

その他の有機亜鉛化合物は遷移金属触媒を用いてアルケンやアルキンに付加させることが可能である．たとえばシクロプロペンのエチル亜鉛化反応は鉄を触媒として用いることにより進行する[式(5・30)]．

[式 (5・30)]

アルキンへのシス付加はニッケル触媒を用いると進行する．この反応は乳がんの治療薬である(Z)-タモキシフェンの合成へと応用されている[式(5・31)]．

[式 (5・31)] (Z)-タモキシフェン

興味深いことに亜鉛のエノラートやエナミドは分極していないアルケンに対して付加する[式(5・32), (5・33)]．これらの反応はほかの金属では困難であり，適度な反応性と炭素との親和性の高さを併せもつ亜鉛の特徴的な反応である．

[式 (5・32)]

$$\text{CH}_2=\text{CHR} + \text{PhCH}_2\text{CH}_2\text{C}(\text{N}(n\text{-BuZn})\text{NMe}_2)=\text{CHCH}_2\text{Ph} \longrightarrow \text{PhCH}_2\text{CH}_2\text{C}(=\text{N-NMe}_2)\text{CH}(\text{CH}_2\text{Ph})\text{CHR-CH}_2\text{Zn-}n\text{-Bu}$$

(5・33)

コラム

シモンズ–スミス反応

ジヨードメタンに亜鉛を作用させるとヨードメチル亜鉛化合物が生成する．このような有機金属化合物はカルベン種と同様な反応性を示すので"カルベノイド"とよばれる．実際にヨードメチル亜鉛化合物は，アルケンに付加してシクロプロパンを与える．この反応は，シモンズ–スミス (Simmons–Smith) 反応とよばれ，シクロプロパン化合物の合成法として有用である．

$$\text{CH}_2\text{I}_2 + \text{Zn(Cu)} \xrightarrow{\text{Et}_2\text{O}} \underset{\text{カルベノイド}}{\text{ICH}_2\text{ZnI}} \xrightarrow{\text{R}\diagup\diagdown\text{R}} \text{R}\triangle\text{R}$$

5・5　有機アルミニウム化合物の付加反応

　トリアルキルアルミニウムはアセチレンにシス付加してアルケニルアルミニウムを与える [式(5・34)]．

$$\equiv\ +\ \text{Et}_3\text{Al} \longrightarrow \text{Et}_2\text{Al}\diagup=\diagdown\text{Et} \qquad (5\cdot 34)$$

　一方，一置換アルキンに対する反応性は低い．この場合はむしろ脱プロトン化がおもに起こる [式(5・35)]．

$$\equiv\text{-R}^1\ +\ \text{R}^2_3\text{Al} \longrightarrow \text{R}^2_2\text{Al}\text{-}\equiv\text{-R}^1 \qquad (5\cdot 35)$$

　一置換アルキンに対するカルボアルミネーションは，トリアルキルアルミニウムと二塩化ジルコノセンを反応させて得られる混合錯体を用いることにより位置

および立体選択的に起こる．この反応はアルケニルアルミニウム化合物を与え，さらに求電子剤と反応させることができるため三置換オレフィンの合成法として有用である［式(5・36)］．

$$R\text{—}\!\!\!\equiv\!\!\!\text{—} + Me_3Al \xrightarrow{Cp_2ZrCl_2} \underset{Me}{\overset{R}{\diagdown}}\!\!=\!\!\underset{AlMe_2}{\diagup} \xrightarrow{I_2} \underset{Me}{\overset{R}{\diagdown}}\!\!=\!\!\underset{I}{\diagup}$$
(5・36)

トリアルキルアルミニウムはアルケンに付加する［式(5・37)］．アルミニウムは置換基の少ない炭素に付加する．この選択性は，アルミニウムのルイス(Lewis)酸性を考慮し，イオン性の状態を中間に仮定することによって理解することができる．すなわち置換基の多い炭素カチオンのほうが安定であるため，アルミニウムは末端炭素と結合する．また，立体障害の小さい末端アルケンはアルミニウムが近づきやすいため内部アルケンよりすみやかに反応する．

$$\diagup\!\!\!=\!\!\!R + Et_3Al \longrightarrow \left[Et_2Al^{-}\!\!\smile\!\!\overset{Et}{\overset{|}{\underset{R}{C}}^{+}} \right] \longrightarrow Et_2Al\!\smile\!\!\overset{Et}{\underset{R}{C}H}$$
(5・37)

また，アルケンへの付加もジルコニウム触媒によって促進される．キラルなジルコニウム錯体を用いることにより不斉反応も実現されている［式(5・38)］．

$$n\text{-}Pr\!\smile\!\!=\!\! + Me_3Al \xrightarrow{\text{キラル Zr 触媒}} n\text{-}Pr\!\smile\!\!\smile\!\!AlMe_2$$

$$\xrightarrow{O_2, H_3O^+} n\text{-}Pr\!\smile\!\!\smile\!\!OH \longrightarrow n\text{-}Pr\!\smile\!\!\smile\!\!\smile\!\!=\!\!CHO$$
シフォナリエナール
(5・38)

5・6　有機ホウ素化合物の付加反応

有機ホウ素化合物の炭素-炭素不飽和結合に対する付加の反応性は高くはないが，いくつかの反応例が知られている．たとえばアリルホウ素化合物は種々の炭素-炭素不飽和結合に対して付加する．アルキンとの反応ではまずアルケニルホウ素化合物(**A**)を与える［式(5・39)］．これは加熱することによりさらに転位を

起こす．分子内のアルケンに対してアリルホウ素化が進行するが，高いルイス酸性をもつホウ素原子がアルケンのπ電子を受け取り，生じた電子不足中心に対して電子豊富になったホウ素上の置換基が転移する形で反応する．さらに分子内のアルケンに対しアルケニルホウ素化が進行し，二環性の生成物を与える．

$$(5\cdot 39)$$

またトリアリルボランはアレンとも反応し，同様の環化生成物を与える[式(5・40)]．

$$(5\cdot 40)$$

遷移金属触媒による付加反応も知られている．たとえばアルキニルホウ素化合物はニッケル触媒によってアルキンに付加する[式(5・41)]．この反応は炭素−ホウ素結合の酸化的付加，ニッケル−炭素結合へのアルキンの挿入，還元的脱離を経て進行しているものと考えられる．

$$(5\cdot 41)$$

このように通常不活性な炭素−ホウ素結合や炭素−スズ結合をもつ化合物は遷移金属触媒によって活性化し，不飽和結合に付加させることができる(5・8節参照)．

5・7　有機ケイ素化合物の付加反応

通常，有機ケイ素化合物は安定な化合物であり炭素-炭素不飽和結合とは反応しない．しかし，アリルシランはアルキンを活性化するルイス酸の共存下で反応し，トランスアリルシリル化が進行する［式(5・42)］．アルキンへのアリルシランの付加によって生成したビニルアルミナートがケイ素カチオンと反応すると説明される．

$$R^1 \mathrm{-\!\!\!=\!\!\!-} R^2 + \diagup\!\!\!\diagdown\!\mathrm{SiMe_3} \xrightarrow{R_3Al\ 触媒} \begin{array}{c}R^1\quad AlR_3\\ \diagup\!=\!\diagdown\\ \quad R^2\\ SiMe_3\end{array} \longrightarrow \begin{array}{c}R^1\quad SiMe_3\\ \diagup\!=\!\diagdown\\ \quad R^2\end{array} \quad (5\cdot42)$$

同様にビニルケイ素も分子内のアルキンに対して付加する［式(5・43)］．

$$\text{(環状 R, SiMe}_3\text{)} \xrightarrow{\text{Al 触媒}} \text{(シクロヘキセン SiMe}_3, R\text{)} \quad (5\cdot43)$$

5・8　有機スズ化合物の付加反応

有機スズ化合物は安定であり，アルケンやアルキンへの直接的な付加反応は進行しない．しかし，ラジカル反応条件下で炭素-炭素不飽和結合へ付加する．たとえばアリルスズ化合物はラジカル開始剤を用いることによってアルキンに付加する［式(5・44)］．

$$Ph\mathrm{-\!\!\!=\!\!\!-} + \begin{array}{c}CO_2Et\\ \diagup\\ \diagdown Sn(n\text{-}Bu)_3\end{array} \xrightarrow{AIBN\ 触媒} \begin{array}{c}Ph\quad Sn(n\text{-}Bu)_3\\ EtO_2C\diagup\!=\!\diagdown\end{array} \quad (5\cdot44)$$

また，ジルコニウム触媒を用いるとシス付加する［式(5・45)］．

$$R^1\text{—}\!\!\equiv\!\!\text{—} + \underset{\text{Sn}(n\text{-Bu})_3}{R^2\diagdown\!\!\diagup} \xrightarrow{\text{Zr 触媒}} \underset{\text{Sn}(n\text{-Bu})_3}{R^2\diagdown R^1\diagup}$$

(5・45)

また，パラジウムやニッケルなどの触媒存在下，アルキニルスズ化合物やアシルスズ化合物はアルキンや1,3-ジエンに対しても付加する［式(5・46)，(5・47)］．

$$R^1\text{—}\!\!\equiv\!\!\text{—} + R^2\text{—}\!\!\equiv\!\!\text{—}\text{Sn}(n\text{-Bu})_3 \xrightarrow{\text{Pd 触媒}} \underset{n\text{-Bu}_3\text{Sn}}{R^2\text{—}\!\!\equiv\!\!\diagup R^1}$$

(5・46)

$$\diagup\!\!\diagdown\!\!\diagup + \underset{\text{Ph}}{\overset{\text{O}}{\|}}\text{—SnMe}_3 \xrightarrow{\text{Ni 触媒}} \underset{\text{Ph}}{\overset{\text{O}}{\|}}\diagdown\!\!\diagup\!\!\diagdown\!\!\diagup\text{SnMe}_3$$

(5・47)

5・9　有機チタン，有機ジルコニウム化合物の付加反応

二塩化チタノセン，二塩化ジルコノセンに2当量のエチルグリニャール反応剤を作用させるとメタラシクロプロパンが生成する．これらの化合物はアルケンやアルキンと反応してメタラシクロペンタンやメタラシクロペンテンを生成する［式(5・48)］．

$$\text{Cp}_2\text{ZrCl}_2 + 2\,\text{Et—MgBr} \xrightarrow[\substack{\text{Et—H}\\2\,\text{BrMgCl}}]{} \text{Cp}_2\text{Zr}\triangle \xrightarrow{R\!\equiv\!R} \underset{R}{\overset{\text{Cp}_2\text{Zr}}{\diagup\!\!\diagdown}}\!\!R$$

(5・48)

アルキニルボロン酸エステルを基質として用いると反応は位置選択的に進行する．この反応も5・4節で述べた(Z)-タモキシフェンの立体選択的合成に利用されている［式(5・49)］．

$$\text{Ph}-\!\!\!\equiv\!\!\!-\text{B}\underset{\text{O}}{\overset{\text{O}}{\bigtriangleup}} + \text{Cp}_2\text{Zr}\triangleleft \longrightarrow \text{Ph}\underset{\text{B}}{\overset{\text{ZrCp}_2}{\bigodot}}\underset{\text{O}}{\overset{\text{O}}{\bigtriangleup}}$$

$$\longrightarrow \longrightarrow \longrightarrow \underset{\text{Ph}}{\overset{\text{Et Ph}}{\diagup\!\!\!\diagdown}}\text{C}_6\text{H}_4\text{-O-CH}_2\text{CH}_2\text{-NMe}_2 \quad (5\cdot 49)$$

(Z)-タモキシフェン

コラム

チーグラー触媒

　エチレン(エテン)やプロピレン(プロペン)の重合触媒として有名なチーグラー(Ziegler)触媒は $TiCl_4$ または $TiCl_3$ を $AlEt_3$ などの有機アルミニウム化合物と混合することにより調製される．おもしろいことに有機アルミニウムに水を少量加えると活性が格段に向上する．最近ではメチルアルミノキサンが，チタンやジルコニウムの遷移金属触媒とともによく用いられる．

$$-\!\![Al(CH_3)O]\!\!-_n$$

メチルアルミノキサン

5・10　有機パラジウム化合物の付加反応

　0価のパラジウムはハロゲン化アリールやハロゲン化アルケニルの酸化的付加をうけ，アリールパラジウム種やアルケニルパラジウム種を生成する．これらの炭素-パラジウム結合は種々の炭素-炭素不飽和結合に対して付加するため，これを利用した炭素-炭素結合形成反応が数多く知られている．式(5・50)にもっとも代表的な触媒反応である溝呂木-Heck 反応を示す．

$$\diagdown\!\!\!\!\diagup\!\!R + \underset{Br}{\bigcirc} \xrightarrow[\text{塩基}]{\text{Pd 触媒}} \underset{R}{\bigcirc}\!\!\!\diagdown\!\!\!\!\diagup + \text{塩基}\cdot\text{HBr}$$

$$(5\cdot 50)$$

　反応機構を式(5・51)に示す．まずはじめにハロゲン化アリールの酸化的付加によりアリールパラジウムが生成する．生成した炭素–パラジウム結合はアルケンに付加し，アルキルパラジウムとなる．つづいてβ位の水素を引き抜き，アリール化されたアルケンとともにヒドリドパラジウムが生成する．最後に塩基によって脱ハロゲン化水素が進行し，0価のパラジウムが再生する．

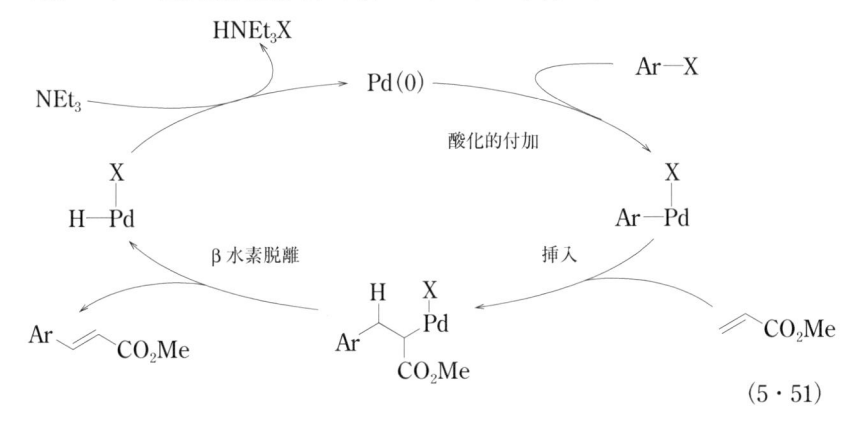

$$(5\cdot 51)$$

　このとき用いられるアルケンとしてはアクリル酸誘導体やスチレン，ビニルエーテルなどが活性である．ハロゲンとしてはヨウ素，臭素がおもに用いられる．また，トリフラートを用いることもできる．さらに活性なパラジウム触媒を用いると比較的安価な塩化アリールの使用が可能になる．

　通常，β水素脱離が速いため，中間体として生成したアルキルパラジウムがさらに炭素–炭素不飽和結合に付加することは少ない．しかし，β位に水素をもたない場合にはさらに付加反応が進行し，連続的な炭素–炭素結合形成が可能になる．たとえばジェミナル 2 置換アルケンに対するカルボパラデーションが進行するとβ位が第四級炭素となり，β水素脱離できない．そこで，適切な位置にある炭素–炭素二重結合にさらに付加したのちにβ水素脱離し，環化した生成物を与える［式(5・52)］．

ハロゲン化アリールの代わりに酢酸などを用いることも可能である．この場合ヒドロパラデーションを経て興味深い環化異性化反応が進行する[式(5・53)]．

β水素脱離に代わり，生成したパラジウム中間体に対する求核付加による触媒

サイクルの終結も可能である［式(5・54)］.

$$(5 \cdot 54)$$

5・11 有機ロジウム化合物の付加反応

1価のロジウムは有機ボロン酸などさまざまな有機金属化合物と金属交換することにより有機ロジウムを生成する．このロジウム–炭素結合はアルキンをはじめとするさまざまな炭素–炭素不飽和結合に付加する［式(5・55)］.

$$R-\!\!\!\equiv\!\!\!-R + \text{PhB(OH)}_2 \xrightarrow[H_2O]{Rh 触媒} \text{Ph-C(R)=CHR} + B(OH)_3 \quad (5 \cdot 55)$$

式(5・56)に機構を示す．まずはじめにロジウムヒドロキシドとアリールボロン酸の間で金属交換し，アリールロジウムが生じる．つづいてこの炭素–ロジウム結合の間に炭素–炭素三重結合が挿入し，アルケニルロジウムを与える．最後に加水分解することによりロジウムヒドロキシドが再生し，アリール化されたアルケンを与える．

$$\text{(5・56)}$$

有機金属化合物としてはアリール基やアルケニル基をもつボロン酸のほかにケイ素，スズ，ジルコニウム，亜鉛，チタン化合物などを用いることができる．一方，アルキル金属種の付加は難しい．またアルキンの代わりに電子不足アルケンやアルデヒド，イミンも用いられる．オキサノルボルナジエンなどひずみをもつアルケンも用いることができる．この場合，β酸素脱離によって開環した生成物が得られる[式(5・57)]．

$$\text{(5・57)}$$

ハロゲン化アルキルとの反応 6

有機化合物の基本骨格は炭素でつくられている．したがって炭素-炭素結合を形成する反応は有機合成化学の基本となる反応であり，きわめて重要である．有機金属化合物とハロゲン化アルキルとの反応は位置選択的に結合を形成する反応として広く用いられる．本章では代表的な反応例を示し，それぞれの金属の特徴について学ぶ．

　ハロゲン化アルキルに求核剤を作用させてハロゲン原子を求核置換することにより，アルキル基と求核基との間に新しい結合を生成することができる．たとえば，求核剤としてアルコラートを用いれば，エーテルが生成する(ウィリアムソン(Williamson)エーテル合成法)[式(6・1)]．

$$\text{RO}^- + \text{R}'\text{—X} \longrightarrow \text{R—O—R}' + \text{X}^- \qquad (6\cdot1)$$

アルカリ金属の有機金属化合物のように，イオン性の高い金属-炭素結合をもつ有機金属化合物は，炭素アニオン種とみなすことができる．したがって，ハロゲン化アルキルに対して炭素求核剤としてはたらき，求核置換反応によって炭素-炭素結合を生成する[式(6・2)]．一般にハロゲン化アリル，ハロゲン化ベンジル，ヨウ化メチル，α-ブロモ酢酸エステルなどは活性が高いので，高収率でカップリング生成物を与える．

$$\left[\text{M—C}\!\!- \longleftrightarrow \text{M}^+\,{}^-\text{C}\!\!- \right] \xrightarrow{\text{R—X}} \text{R—C}\!\!- + \text{MX} \qquad (6\cdot2)$$

6・1　有機リチウム化合物とアルキル化剤との反応

有機リチウム化合物はハロゲン化アルキルと反応し，カップリング生成物を与える[式(6・3)].

$$\text{R–Li} + \text{R'–X} \longrightarrow \text{R–R'} + \text{LiX} \qquad (6・3)$$

しかし，リチウム–ハロゲン交換反応や，ハロゲン化アルキルがβ位に水素を有する場合にはβ水素脱離が副反応として起こり，目的とする炭素–炭素結合生成物の収率が低下することがしばしばある．以下に合成的に有用なレベルで目的生成物を与える反応例をあげる．

リチウムアセチリドは塩基性が低く，β水素の引抜きを起こさないためよい収率でアルキル化生成物を与える[式(6・4)].

$$\text{Li}\mathord{=\!=}\diagdown\text{OLi} + \text{EtBr} \longrightarrow \text{Et}\mathord{=\!=}\diagdown\text{OLi} \xrightarrow{\text{H}_3\text{O}^+} \text{Et}\mathord{=\!=}\diagdown\text{OH} \qquad (6・4)$$

2-リチオチオフェンや2-リチオフランもβ水素脱離を伴わずに置換生成物を収率よく与える[式(6・5), (6・6)]．電気陰性度の高い硫黄や酸素によってカルボアニオンの塩基性が弱められているためと考えられる．

$$\underset{\text{S}}{\bigcirc}\text{-Li} + n\text{-BuBr} \longrightarrow \underset{\text{S}}{\bigcirc}\text{-}n\text{-Bu} \qquad (6・5)$$

$$\underset{\text{O}}{\bigcirc}\text{-Li} + \text{Br}\diagdown\text{Ph} \longrightarrow \underset{\text{O}}{\bigcirc}\diagdown\text{Ph} \qquad (6・6)$$

α位が酸素置換されたビニルリチウムは有機合成でしばしば用いられる．アルキル化して得られたビニルエーテルは加水分解することにより対応するカルボニル化合物を与えるので**A**はアシルアニオン等価体としてはたらく[式(6・7)].

$$\text{(6・7)}$$

ジチアンから調製される有機リチウム化合物もハロゲン化アルキルと反応する．生成物を加水分解によって脱保護することによりケトンが得られる[式(6・8)]．**B**はアシルアニオン等価体としてはたらくので有機合成的な利用価値が高い．

$$\text{(6・8)}$$

また，有機リチウム化合物は銅(I)塩と反応し，有機銅反応剤を与える．これを用いてアルキル化する方法が広く用いられている(6・5節参照)．

6・2　有機ナトリウム化合物とアルキル化剤との反応

有機ナトリウム化合物は有機リチウム化合物と比べて安定性に乏しく，合成化学的に用いられる例は限られている．たとえばナトリウムアセチリドやジフェニルメチルナトリウムなど，安定なアニオンは炭素求核種としてアルキル化剤と反応し，炭素–炭素結合を生成する[式(6・9)]．アルキル化剤としては第一級および第二級アルキルのハロゲン化物，スルホナート，エポキシドなどが用いられる．

$$\text{(6・9)}$$

6・3　グリニャール反応剤とアルキル化剤との反応

グリニャール(Grignard)反応剤のハロゲン化アルキルに対する求核的な反応性は高くなく，一般にハロゲン化アルキルとは反応しない．しかし，アルキル化能の高いハロゲン化アリル，ハロゲン化ベンジル，エポキシドをアルキル化剤として用いた場合は炭素–炭素結合生成物を与える[式(6・10)～(6・12)]．

$$n\text{-BuMgBr} + \diagdown\!\!\diagup\text{Br} \longrightarrow \diagdown\!\!\diagup n\text{-Bu} \qquad (6・10)$$

$$n\text{-BuMgBr} + \text{Ph}\diagdown\text{Cl} \longrightarrow \text{Ph}\diagdown n\text{-Bu} \qquad (6・11)$$

$$\diagdown\!\!\diagup\text{MgBr} + \underset{\triangle}{\text{O}} \xrightarrow{\text{H}_3\text{O}^+} \text{(シクロペンタン環に vinyl と OH)} \qquad (6・12)$$

また，グリニャール反応剤とハロゲン化アルキルの反応は触媒量の銅塩を添加することにより促進される[式(6・13)]．

$$\diagdown\!\!\diagup\!\!\diagdown\!\!\diagup\!\!\diagdown\text{Br} + t\text{-BuMgCl} \xrightarrow{\text{Cu 触媒}} \diagdown\!\!\diagup\!\!\diagdown\!\!\diagup\!\!\diagdown t\text{-Bu} \qquad (6・13)$$

6・4　有機チタン化合物とアルキル化剤との反応

第三級ハロゲン化アルキルと有機金属化合物からカップリング生成物を得るには，有機チタン化合物を用いるとよい．ジアルキル亜鉛，またはトリアルキルアルミニウムと四塩化チタンから調製される有機チタン化合物はルイス(Lewis)酸性を有するため，第三級ハロゲン化アルキルや第三級アルコールと S_N1 型の反応をして炭素–炭素結合を生成することができる[式(6・14),(6・15)]．

$$(\text{CH}_3)_2\text{Zn} + 2\,\text{TiCl}_4 \longrightarrow \text{CH}_3\text{TiCl}_3 \xrightarrow{R_3\text{C}-\text{Cl}} \text{H}_3\text{C}-\text{CR}_3$$
$$[\text{または}(\text{CH}_3)_3\text{Al}] \qquad\qquad\qquad\qquad\qquad\qquad (6・14)$$

$$(CH_3)_2Zn + TiCl_4 \longrightarrow (CH_3)_2TiCl_2 \xrightarrow{R_3C-OH} H_3C-CR_3 \quad (6\cdot15)$$

逆に有機チタン化合物は求核性が低く,第一級アルキルのハロゲン化物に対して置換反応をしない[式(6・16)].

$$CH_3TiCl_3 + \underset{Cl}{\diagup}\!\!\diagdown\!\!\underset{Cl}{\diagup} \longrightarrow \diagdown\!\!\diagup\!\!\diagdown\!\!Cl \quad (6\cdot16)$$

四塩化チタンの存在下でアセタールにグリニャール反応剤を作用させると置換生成物が得られる[式(6・17)].四塩化チタンがルイス酸としてアセタールにはたらき,オキソニウムカチオンを生成して反応が進行する.

$$R^1MgX + R^2\underset{OR^3}{\overset{OR^3}{\diagdown\!\!\diagup}} \xrightarrow{TiCl_4} \left[R^2\underset{H}{\overset{}{-}}\overset{+}{C}=OR^3 + R^3O\overset{-}{T}iCl_4 \right] \longrightarrow R^1\underset{R^2}{\overset{OR^3}{\diagdown\!\!\diagup}} \quad (6\cdot17)$$

6・5 有機銅化合物とアルキル化剤との反応

銅アセチリドは各種の有機ハロゲン化物と反応し,炭素-炭素結合生成物を与える[式(6・18),(6・19)].

$$Ph-\!\!\equiv\!\!-Cu + Ph\diagup\!\!\diagdown Br \longrightarrow Ph-\!\!\equiv\!\!-\diagup\!\!\diagdown Ph \quad (6\cdot18)$$

$$Ph-\!\!\equiv\!\!-Cu + PhI \longrightarrow Ph-\!\!\equiv\!\!-Ph \quad (6\cdot19)$$

有機銅アート錯体は,第一級,第二級のハロゲン化アルキル,スルホナート,α-ハロケトンと反応するので,異なるアルキル基間に炭素-炭素結合を生成するのに有効である[式(6・20)〜(6・23)].

$$2\,Ph_2CuLi + \underset{}{\text{アセタール構造 OTs/OTs}} \longrightarrow \underset{}{\text{アセタール構造 Ph/Ph}} \quad (6\cdot20)$$

$$(\triangleright)_2CuLi + Br\diagup\!\!\diagdown\!\!\diagup\!\!\diagdown Cl \longrightarrow \triangleright\!\!\diagup\!\!\diagdown\!\!\diagup\!\!\diagdown Cl \quad (6\cdot21)$$

$$\text{Me}_2\text{CuLi} + \text{[t-Bu-cyclohexenyl-OTf]} \longrightarrow \text{[t-Bu-cyclohexenyl-Me]} \qquad (6\cdot22)$$

$$\text{Me}_2\text{CuLi} + \text{[MeC(O)CH(Br)Me]} \longrightarrow \text{[MeC(O)CH(Me)Me]} \qquad (6\cdot23)$$

また，有機銅化合物は選択的な S_N2' 型反応を起こす．たとえば $\text{RCu}\cdot\text{BF}_3$ はアリルアルコールと反応し，γ位アルキル化生成物を与える [式(6・24)]．

$$n\text{-BuCu}\cdot\text{BF}_3 + \text{[D-cyclohexenyl-OH]} \longrightarrow \text{[D-cyclohexenyl-}n\text{-Bu]} \qquad (6\cdot24)$$

プロパルギルエーテルとの反応では触媒的に発生する有機銅化合物により選択的に S_N2' 型の反応が進行し，アレンが得られる [式(6・25)]．

$$n\text{-BuMgBr} + \text{[HC≡C-CH(OMe)}n\text{-Bu]} \xrightarrow{\text{Cu 触媒}} \text{[}n\text{-Bu-CH=C=CH-}n\text{-Bu]} \qquad (6\cdot25)$$

銅の存在下でヨウ化アリールはホモカップリングしてジアリール化合物を与える [式(6・26)]．銅からの一電子移動によりアリールラジカル種が発生し，さらに一電子移動が起こり，アリール銅(II)化合物を与える．これがヨウ化アリールとカップリングするものと考えられる．この反応はウルマン(Ullmann)反応とよばれる [式(6・27)]．

$$2\,\text{ArI} \xrightarrow[\text{加熱}]{\text{Cu}} \text{Ar}-\text{Ar} \qquad (6\cdot26)$$

$$\text{Ph-I} \xrightarrow[\text{一電子移動}]{\text{Cu}} \text{Ph}\cdot + \text{CuI} \longrightarrow \text{Ph-CuI}$$

$$\xrightarrow{\text{Ph-I}} \text{Ph-Ph} \qquad (6\cdot27)$$

6・6　有機ホウ素化合物とアルキル化剤との反応

　トリアルキルボランの求核性は低く，ハロゲン化アルキルと反応しない．トリアルキルボランにアルキルリチウムを作用させて得られるボラートは求核性が増すが，ハロゲン化アルキルとの反応は容易ではない．一方，アルキニルボラートは活性なアルキル化剤と反応してアルキル基の転位を伴ったアルキル化生成物を与える[式(6・28)]．

$$\begin{array}{c}R^1\\|\\R^1-B^-\!\!=\!\!=\!\!R^2\\|\\R^1\end{array} + Br\!\!-\!\!\!\equiv\!\!\!- \longrightarrow \begin{array}{c}R^1_2B\quad R^2\\ \diagdown\!\!\diagup\\ \diagup\!\!\diagdown\\R^1\quad\!\!\!\!-\!\!\!\equiv\end{array} \qquad (6\cdot28)$$

6・7　有機アルミニウム化合物とアルキル化剤との反応

　有機アルミニウム化合物は高いルイス酸性を有しているため，ハロゲン化アルキルを作用させるとハロゲン原子がルイス塩基として配位し，脱離能が向上すると同時にアルミニウムに結合している有機基の求核性を増大させる．この結果，アルキル化反応が進行する．たとえばトリアルキルアルミニウムはハロゲン化アリルと反応し，炭素-炭素結合生成物を与える[式(6・29)]．

$$\text{Me}_3\text{Al} + \diagup\!\!\!\diagdown\!\!\!\diagup\text{Cl} \longrightarrow \diagup\!\!\!\diagdown\!\!\!\diagup\overset{+}{\text{Cl}}\!\!-\!\!\overset{-}{\text{AlMe}_3} \longrightarrow \diagup\!\!\!\diagdown\!\!\!\diagup\!\!\!\diagdown$$

$$(6\cdot29)$$

　またこのような反応はアリルアルコールのリン酸エステルおよびカルボン酸エステルでも起こり，基質によってはカチオン環化したのちにアルキル化した生成物が得られる[式(6・30)，(6・31)]．

$$\text{Me}_3\text{Al} + \text{（ゲラニル）}\text{OP(O)(OEt)}_2 \longrightarrow \text{生成物} + \text{生成物}$$

$$(6\cdot30)$$

$$\text{Me}_3\text{Al} + \text{(structure with OP(O)(OEt)}_2\text{)} \longrightarrow \text{(cyclohexene with t-Bu)} \qquad (6\cdot31)$$

オキシムのスルホナートとの反応ではベックマン(Beckmann)転位が起こり，イミノカルボニウムイオンが生成する．ここにアルミニウム上の有機基が転位し，イミンが得られる[式(6・32)]．

$$(n\text{-Pr})_3\text{Al} + \text{(cyclohexanone N-OMs)} \longrightarrow (n\text{-Pr})_3\bar{\text{Al}}\text{—OMs} \cdots \text{N}^+ \longrightarrow \text{(azepine with } n\text{-Pr)} \qquad (6\cdot32)$$

求核的なリチウム化合物などでは困難な第三級ハロゲン化アルキルとの反応もアルキニルアルミニウム化合物を用いると進行する[式(6・33)]．

$$\text{(Cy-C≡C-)}_3\text{Al} \longrightarrow t\text{-BuCl} \longrightarrow \text{Cy-C≡C-}t\text{-Bu} \qquad (6\cdot33)$$

一方，アルケニルアルミニウム化合物はアルキルリチウムで処理し，アート錯体とすることによってアルキル化が可能となる[式(6・34)]．

$$n\text{-C}_5\text{H}_{11}\text{-CH=CH-Al}(i\text{-Bu})_2 \xrightarrow{n\text{-BuLi}} \text{Li}^+ [n\text{-C}_5\text{H}_{11}\text{-CH=CH-Al}(i\text{-Bu})_2(n\text{-Bu})]^- \xrightarrow{\text{MeI}} n\text{-C}_5\text{H}_{11}\text{-CH=CH-Me} \qquad (6\cdot34)$$

6・8　エポキシドを用いる有機金属化合物のアルキル化反応

エポキシドは求電子剤として種々の有機金属化合物と反応して，対応する開環アルコールを与える．

有機リチウム化合物はエポキシドと反応して開環した炭素-炭素結合生成物を

6・8 エポキシドを用いる有機金属化合物のアルキル化反応

与える[式(6・35)].

$$\text{MeLi} + \underset{}{\triangle\!\!\!-\!\!\!\text{O}} \xrightarrow{\text{H}_3\text{O}^+} \text{HO}\!-\!\!\text{CH}(\text{Me})\!-\!\text{Et} \quad (6\cdot35)$$

スルホンのα位のアニオンはブチルリチウムで脱プロトン化することにより容易に調製でき,エポキシドと反応して炭素-炭素結合生成物を与える[式(6・36)].

$$\text{RCH(H)SO}_2\text{Ph} + n\text{-BuLi} \longrightarrow \text{RCH(Li)SO}_2\text{Ph}$$

$$\xrightarrow{\text{R'}\!-\!\triangle\!\!\!-\!\!\!\text{O}} \xrightarrow{\text{H}_3\text{O}^+} \text{R'CH(OH)CH}_2\text{CR(SO}_2\text{Ph)} \quad (6\cdot36)$$

エポキシドの開環反応の位置選択性は,有機金属化合物の種類によって大きく異なる.有機銅反応剤はソフトな求核剤であり,立体的によりすいている炭素を求核攻撃する.次式の例からわかるように S_N2 型の置換による生成物を立体選択的に与える[式(6・37),(6・38)].

$$n\text{-Bu}_2\text{Cu(CN)Li}_2 + \text{Ph}\!-\!\triangle\!\!\!-\!\!\!\text{O}$$

$$\xrightarrow{\text{H}_3\text{O}^+} \text{PhCH(OH)CH}_2 n\text{-Bu} + \text{PhCH}(n\text{-Bu})\text{CH}_2\text{OH} \quad (6\cdot37)$$
$$91:9$$

$$n\text{-Pr}_2\text{Cu(CN)Li}_2 + \text{(spiroepoxide)} \xrightarrow{\text{H}_3\text{O}^+} \text{(trans-cyclopentane with }n\text{-Pr, OH, }n\text{-Pr)} \quad (6\cdot38)$$

一方,有機アルミニウム化合物はルイス酸性が強いため,置換基のより多い炭素を攻撃する[式(6・39)].

$$\text{Me}_3\text{Al} + n\text{-Oct}\!-\!\triangle\!\!\!-\!\!\!\text{O} \xrightarrow{\text{H}_3\text{O}^+} n\text{-Oct}\text{-C(Me)(H)-CH}_2\text{OH} \quad (6\cdot39)$$

ただし，エポキシドは酸性条件下で比較的容易にカルボニル化合物に異性化するので，注意が必要である．たとえば，式(6・40)のスチレンオキシドの反応例では，異性化したフェニルアセトアルデヒドに付加した副生成物も生じる．

$$Et_3Al + \underset{Ph}{\triangle\!\!\!O} \xrightarrow{5\% PPh_3} \xrightarrow{H_3O^+} \underset{Ph}{\overset{Et}{\underset{OH}{\diagdown}}} + \underset{OH}{\overset{Et}{\diagdown}}Ph \quad (6\cdot40)$$
$$98:2$$

アリルチタン化合物は求核性に優れているため，エポキシドと反応する[式(6・41)]．スチレンオキシドとの反応ではフェニル基が置換した炭素で位置選択的に反応する．この結果は，グリニャール反応剤を単独で用いると位置異性体の混合物を与えるのと好対照である[式(6・42)]．

$$\diagup\!\!\!\diagdown Ti(O\text{-}i\text{-}Pr)_3 + \underset{Ph}{\triangle\!\!\!O} \xrightarrow{H_3O^+} \underset{Ph}{\diagdown}\!\!\diagup\!\!OH \quad (6\cdot41)$$

$$\diagup\!\!\!\diagdown MgCl + \underset{Ph}{\triangle\!\!\!O}$$
$$\xrightarrow{H_3O^+} \underset{Ph}{\diagdown}\!\!\diagup\!\!OH + \underset{Ph}{\diagdown}\!\!\diagup\!\!OH \quad (6\cdot42)$$
$$7:3$$

求核性の低いアリルシランやアリルスズ化合物も四塩化チタンなどのルイス酸を共用することによりエポキシドと反応する[式(6・43)，(6・44)]．

$$\diagup\!\!\!\diagdown SiMe_3 + Cl\diagdown\!\!\triangle\!\!\!O \xrightarrow{TiCl_4} \xrightarrow{H_2O} Cl\diagdown\!\!\overset{OH}{\diagup}\!\!\diagdown\!\!\diagup \quad (6\cdot43)$$

$$\underset{SiMe_3}{\diagup\!\!\!\diagdown}Sn(n\text{-}Bu)_3 + n\text{-}Bu\diagdown\!\!\triangle\!\!\!O \xrightarrow{EtAlCl_2} \xrightarrow{H_2O} n\text{-}Bu\diagdown\!\!\overset{OH}{\diagup}\!\!\diagdown\!\!\underset{SiMe_3}{\diagup}$$
$$(6\cdot44)$$

6・9　クロスカップリング反応

　金属の電気陰性度が大きくなると，金属-炭素結合の極性が小さくなり，ハロゲン化アルキルとの間でS_N2型置換反応は起こらなくなる．また，ハロゲン化ビニルやハロゲン化アリールはそもそも求核攻撃をうけないので，有機金属化合物との求核置換反応で炭素-炭素結合を生成することはできない．そこで登場するのが，遷移金属触媒である．遷移金属錯体を触媒として用いると，遷移金属の酸化還元を伴う機構によって，各種の有機ハロゲン化物と有機金属化合物の間で炭素-炭素結合を生成することができる．このような反応をクロスカップリング反応とよぶ．種々のクロスカップリング反応が開発されているが，これに関して日本人研究者の貢献度はきわめて高い．現在，天然有機化合物，有機材料，医薬品などの化学合成に欠くことのできない反応となっている．

　パラジウム触媒を用いる場合の反応機構は図6・1のようである．まず有機ハロゲン化物がパラジウム(0)に酸化的付加し，有機パラジウム(II)種(図中 **C**)を与える．次に有機金属化合物との間で金属交換，すなわち **C** のハロゲンイオンと有機金属化合物の有機基の交換が起こり，ジオルガノパラジウム種 **D** が生成する．最後に還元的脱離によって炭素-炭素結合生成物を与えるとともにパラジウム(0)を再生する．

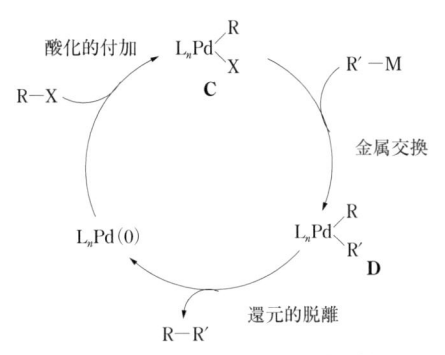

図 6・1　クロスカップリング反応の機構

6・9・1 グリニャール反応剤とのクロスカップリング反応：玉尾-熊田-コリュー (Corriu) 反応

グリニャール反応剤との反応には，通常ニッケル触媒が用いられる．グリニャール反応剤は対応する有機ハロゲン化物から容易に調製できることが利点である [式(6・45)]．アリール，アルケニル，第一級アルキル，第二級アルキルのグリニャール反応剤を使用することができる [式(6・46)]．有機ハロゲン化物の有機基としてはアリール基とビニル基が，ハロゲン部位としてはヨウ化物，臭化物，塩化物，フッ化物とさまざまなものが利用できる．

$$R\text{—}X + Mg \longrightarrow R\text{—}MgX \qquad (6・45)$$

$$R\text{—}MgX + R'\text{—}X' \xrightarrow{\text{Ni 触媒}} R\text{—}R' + MgXX' \qquad (6・46)$$

不斉配位子を用いて触媒的不斉カップリング反応も実現されている [式(6・47)]．これは，不斉炭素中心をもつ第二級アルキルグリニャール反応剤のラセミ化がカップリング反応よりも速く起こることを利用している．

6・9・2 有機スズ化合物とのクロスカップリング反応：右田-小杉-スティレ (Stille) 反応

有機スズ化合物 (n-Bu$_3$Sn—R) はその多くがシリカゲルカラムクロマトグラフィーに安定であり，高度に官能基化されたものを調製することができる．さらにクロスカップリング反応において適度な反応性をもつことから天然物合成など，複雑な化合物の合成に用いられることも多い．トランスメタル化してカップリングするR基としてアルキニル，アルケニル，アリール，ベンジル，アリル

基などがよく用いられる[式(6・48)]. トランスメタル化を促進するために, フッ化セシウムや銅錯体の添加が有効にはたらく場合がある.

$$\text{RSn}(n\text{-Bu})_3 + \text{R}'-\text{X} \xrightarrow{\text{Pd 触媒}} \text{R}-\text{R}' + \text{X}-\text{Sn}(n\text{-Bu})_3 \tag{6・48}$$

アルケニルトリフラートも用いることができる[式(6・49)].

$$\tag{6・49}$$

6・9・3 有機ホウ素化合物とのクロスカップリング反応: 鈴木-宮浦反応

有機ホウ素化合物として有機ボロン酸あるいはそのエステル誘導体が用いられる. これらはおもにヒドロホウ素化反応により合成される[式(6・50)]. 有機ボロン酸誘導体は毒性が低いことと, 水に安定であることを特徴としており, 現在, 広範な種類の有機ボロン酸誘導体が市販されている. この反応は, 工業的にもよく用いられている反応である[式(6・51)]. 水中で行われることもある. ヘテロ芳香環など種々の官能基の存在を許容する. 触媒サイクル中のトランスメタル化を促進するため, K_2CO_3, NaOH, CsF などの塩基を必要とする. ほかのクロスカップリング反応では困難なアルキル基とアルキル基の間でのカップリングも配位子などの条件を選ぶことにより可能になる.

$$\tag{6・50}$$

$$\tag{6・51}$$

6・9・4　有機亜鉛化合物とのカップリング反応：根岸反応

有機亜鉛化合物はグリニャール反応剤と比べてカルボニル基などの極性官能基に対する反応性が低いので，それらの官能基を保護することなく反応を行える[式(6・52), (6・53)]．また多くの場合，塩基などの添加剤を必要としない．有機亜鉛化合物は有機ハロゲン化物の直接的亜鉛化に加え，より求核力の高い有機リチウム化合物やグリニャール反応剤とハロゲン化亜鉛の間の金属交換によっても容易に調製できる．

$$\text{Ph-CO-}(CH_2)_3\text{-I} \xrightarrow{\text{Zn(Cu)}} \text{Ph-CO-}(CH_2)_3\text{-ZnI} \quad (6\cdot52)$$

$$\text{Ph-CO-}(CH_2)_3\text{-ZnI} + \text{I-CH=CH-}n\text{-Bu} \xrightarrow{\text{Pd 触媒}} \text{Ph-CO-}(CH_2)_4\text{-CH=CH-}n\text{-Bu} \quad (6\cdot53)$$

6・9・5　有機ケイ素化合物とのカップリング反応：檜山反応

有機ケイ素化合物はかなり安定な化合物であるが，フッ化物イオンによって5配位のシリケートとなり有機基の金属交換が可能になる[式(6・54)]．ケイ素上にアルコキシ基などの電子求引性基をもつ場合，高い反応性を示す．

$$\text{R-SiY}_3 + \text{R'-X} \xrightarrow[\text{F}^-]{\text{Pd 触媒}} \text{R-R'} + \text{X-SiY}_3 \quad (6\cdot54)$$
Y = OMe, Cl, F など

6・9・6　その他のクロスカップリング反応

上記五つの人名反応以外に，有機アルミニウム化合物や有機ジルコニウム化合物を用いるクロスカップリング反応が知られている．これらはそれぞれ不飽和炭化水素のヒドロメタル化などで調製され，そのまま反応に用いられる．

6・9・7　薗頭反応

パラジウム触媒を用いる末端アルキンとハロゲン化アリール（またはビニル）のカップリング反応を薗頭反応とよぶ[式(6・55)]．通常，アミン塩基とヨウ化銅

の存在下で行われる.

$$Ar-X + H\text{≡≡≡}R \xrightarrow[Et_2NH]{Pd\text{ 触媒, CuI}} Ar\text{≡≡≡}R \quad (6・55)$$

ほかのカップリング反応と異なり,カップリングパートナーとして有機金属化合物を必要としないが,系内で末端アルキンとヨウ化銅から銅アセチリドが生成して,これがパラジウム(II)と金属交換すると考えられる[式(6・56)].

$$H\text{≡≡≡}R + CuI + Et_2NH \longrightarrow Cu\text{≡≡≡}R \xrightarrow{\text{金属交換}} ArPd\text{≡≡≡}R \quad (6・56)$$

この反応は,もっとも強力な置換アルキンの合成反応である.たとえば抗がん作用をもつエンジイン型の化合物の合成に汎用される.cis-1,2-ジクロロエテンから2度の薗頭反応を行ってエンジインを合成する例を式(6・57)に示す.この反応からわかるようにハロゲン化ビニルの立体化学は保持される.得られたエンジインは,バーグマン(Bergman)環化反応によってビラジカルを与え,これががん細胞のDNA鎖を切断する[式(6・58)].

$$(6・57)$$

$$(6・58)$$

6・10 エノラートのアルキル化反応

ケトンなどカルボニル化合物のα位の水素はその共役アニオンがカルボニル基による共鳴安定化をうけるため,高い酸性度を示す.これらは塩基を用いて容易に脱プロトン化でき,求核剤としてハロゲン化アルキルとの反応に利用される.これらの反応は第一級ハロゲン化アルキル(ヨウ化メチル,臭化アリル,臭化ベンジルなど)では良好な結果を与えるが,第二級ハロゲン化アルキルではE2脱

離反応が競合する．第三級ハロゲン化アルキルになるとアルカリ金属エノラートとの炭素−炭素結合形成反応は起こらない．

一般的にアルキル化剤とエノラートの反応は炭素上で起こるが，反応条件によってC-アルキル化とともにO-アルキル化も進行する［式(6・59)］．HSAB(hard and soft acids and bases，ハード酸，ハード塩基，ソフト酸，ソフト塩基の概念)則に従い，R_3O^+ < $ROSO_2Ar$ < RCl < RBr < RI の順にC-アルキル化が起こりやすい．

$$\underset{}{\text{AcCH}_2\text{COOEt}} + n\text{-BuX} \xrightarrow[\text{DMF}]{\text{K}_2\text{CO}_3} \underset{C\text{-アルキル化}}{\text{AcCH}(n\text{-Bu})\text{COOEt}} + \underset{O\text{-アルキル化}}{n\text{-BuO-C(=CH)-COOEt}}$$

(6・59)

また，用いる溶媒によっても選択性は異なる．非極性溶媒中ではエノラートの酸素原子と金属が強く結合しているため，C-アルキル化が優先するのに対し，非プロトン性極性溶媒中では溶媒和によって金属が解離し，負電荷が局在する酸素原子上で反応しやすくなる．一方，プロトン性溶媒中ではエノラートが水素結合しているため，C-アルキル化が優先する．

エノラートのカチオンも選択性に影響を与える．解離しにくいリチウムはC-アルキル化が起きやすく，解離しやすいカリウムやアンモニウムではO-アルキル化が起こりやすい．

また，非対称ケトンの場合には位置選択性の制御が問題となる．リチウムジイソプロピルアミド(LDA)のようなかさ高い塩基を用い，低温で反応させる速度論支配条件下では立体的に空いたプロトンの脱離が選択的に起こる［式(6・60)上］．それに対し，クロロトリメチルシラン存在下，トリエチルアミンで脱プロトン化する熱力学支配条件下では置換基の多い側に二重結合をもつシリルエノールエーテルとなる．これにメチルリチウムを作用させ，リチウムエノラートを創製することで立体的に込み合った側でアルキル化することが可能である［式(6・60)下］．

$$(6 \cdot 60)$$

二つのカルボニル基に挟まれたメチレン部位の酸性度は高く，活性メチレン化合物とよばれる．これを用いることで非常に弱い塩基でも脱プロトン化することができる．たとえばβ-ケトエステルは炭酸カリウムの存在下，アルキル化剤を作用させるとα位選択的にアルキル化が進行する[式(6・61)]．一方，β-ケトエステルのエノラートにさらに強塩基を作用させるとジエノラートが生成し，γ位選択的にアルキル化することが可能である[式(6・62)]．

$$(6 \cdot 61)$$

$$(6 \cdot 62)$$

金属エノラートが不斉点をもっている場合，そのアルキル化反応はジアステレオ選択性の問題を含んでいる．たとえば3-ヒドロキシ酪酸エステルに2当量のLDAを作用させると六員環キレートを形成する．このときアルキル化剤は立体障害の小さい水素の側から接近するため，アンチ体が選択的に得られる[式(6・63)]．

$$(6 \cdot 63)$$

前述のように第三級ハロゲン化アルキルはアルカリ金属エノラートとは反応し

ないが，シリルエノールエーテルを用いた酸性条件下で反応させることが可能である．ルイス酸として四塩化チタンやトリメチルアルミニウムが用いられる[式(6・64)，(6・65)]．

$$\text{(6・64)}$$

$$\text{(6・65)}$$

ハロゲン化アリールおよびハロゲン化アルケニルとの反応ではパラジウムなどの遷移金属触媒が必要である[式(6・66)]．前述したクロスカップリング反応の機構と同様，酸化的付加，トランスメタル化，還元的脱離を経て進行している(6・9節参照)．

$$\text{(6・66)}$$

また，遷移金属触媒を用いた中性条件下でのアルキル化反応も開発されている．アリルカルボナートに対し，0価のパラジウム触媒を作用させると酸化的付加をうけ，π-アリルパラジウムが生成する．このときアニオンは脱炭酸を起こし，アルコラートとなる．これが活性メチレン化合物のプロトンを引き抜き，生じたエノラートがπ-アリルパラジウムを攻撃することで，アリル化された生成物が得られる[式(6・67)]．

$$\text{(6・67)}$$

この反応は辻-トロスト(Trost)反応とよばれ，さまざまな展開がなされている．

とくにキラルなパラジウム触媒を用いた不斉反応はエナンチオ選択的な炭素–炭素結合形成反応として重要であり，広く天然物合成に用いられるようになっている［式(6・68)］．

(6・68)

(−)-シアンチウィギン F

6・11　金属エナミドのアルキル化反応

イミンやヒドラゾンのα位水素も酸性度が高く，塩基で引き抜くことができる．生成したN–金属エナミドはエノラート同様，アルキル化することが可能である［式(6・69)］．

(6・69)

キラルなヒドラゾンを用いることによりジアステレオ選択的なアルキル化が可能である．これをオゾン酸化することによりキラルなアルデヒドが得られる［式(6・70)］．

(6・70)

酸化と還元 7

　本章では炭素-炭素結合生成反応とならんで重要な官能基変換反応の代表である酸化・還元反応について取りあつかう．まず有機化合物の酸化段階について述べたあと，酸化反応ではアルケンの酸化とアルコールのカルボニル化合物への酸化について学ぶ．一方還元反応では炭素-炭素多重結合の還元，芳香族化合物のバーチ還元，ならびにカルボニル化合物のアルコール類への還元について解説する．

　有機化学において酸化・還元反応は重要な位置を占めている．石油化学工業プロセスには，銀触媒共存下での酸素酸化によるエチレンのエチレンオキシドへの変換，パラジウムと銅触媒を組み合わせたエチレンのアセトアルデヒドへのワッカー（Wacker）酸化，クメンからのフェノールとアセトンの合成など数多くの酸化反応がある．また，還元反応にも遷移金属錯体触媒を用いる α-アミノ-α,β-不飽和カルボン酸の不斉水素化による光学活性アミノ酸合成など工業的プロセスとして重要なものが多い．

　一方，有機合成の分野でも酸化・還元反応は重要である．有機合成によって生活に役立つ物質がこれまでに数多くつくられてきた．しかしながら，自然科学諸分野の発展とともに合成が要求される化合物も飛躍的に増加している．しかも，それらの構造はますます複雑なものとなってきている．目標とする化合物の合成戦略は4章から6章で述べた炭素-炭素結合の形成と，本章で述べる酸化・還元反応などの官能基変換という縦糸と横糸の関係にある2本の柱からなっている．そして，これらの合成戦略に対して有機金属化合物の果たす役割は近年著しく大きくなっている．まず，標的化合物を数カ所で切断し，いくつかのブロックに分

解して考える．個々のブロックを合成したのち，炭素-炭素結合形成反応を利用してこれらを順次つなぐ．つなぐ際に標的化合物に存在する官能基をそのままの形で組み入れたもの同士を結合させるのが難しいことがある．その場合には官能基の酸化段階を標的化合物より高い，あるいは低い状態にしておいて炭素-炭素結合を形成させる．その後，適当な還元剤や酸化剤を用いて酸化段階を調整する．本章では，これら酸化還元反応のなかから有機金属化合物の関与する反応に焦点を絞り解説する．

7・1 酸化反応

　アルケンの酸化，ならびにアルコールの酸化を中心に有機金属化合物の関与する酸化反応について述べる．金属の錯体触媒を用いる反応のなかで，もっとも重要なものの一つにエチレンからアセトアルデヒドを合成するヘキスト-ワッカー (Hoechst-Wacker) 法がある．1章で述べたように有機金属化学の歴史上，重要な位置を占める反応である．そこで，まず最初にこの反応について解説し，つづいてその類似反応である酢酸ビニル合成について述べる．このヘキスト-ワッカー型の反応と並んで，エチレンをエチレンオキシドに，またプロピレンをプロピレンオキシドに変換するエポキシド合成の工業的プロセスもきわめて重要な酸化反応である．しかしながら，反応には有機金属錯体は関与していないと考えられるので，ここでは省く．ただし，アリルアルコールのチタン触媒を用いたエポキシアルコールへの変換，ならびにマンガンのオキソ錯体を用いるアルケンのエポキシ化反応などは，最近の有機合成化学におけるトピックスであり簡単に紹介する．アルケンのアリル位の酸化反応についても，工業的にはプロピレンのアクロレインやアクリロニトリルへの酸化など重要なプロセスが多い．ところがこれらの反応にも有機金属錯体は関与していないのでごく簡単にふれるにとどめ，最後に二酸化セレンによるアルケンのアリルアルコールへの変換について述べる．

　一方アルコール類のカルボニル化合物への酸化についてはクロム酸による酸化，ならびにアルミニウムを用いるオッペナウアー (Oppenauer) 酸化について紹介する．

7・1・1　有機化合物の酸化段階と金属の価数

　酸化反応ならびに還元反応について述べる前に，有機化合物の酸化段階について触れておく．有機化合物の酸化段階は次のようにして求められる．まず，分子を構成する個々の炭素原子について，その酸化段階を考える．炭素に結合している四つの置換基について，水素が一つ結合している場合には -1，炭素には 0，ヘテロ原子には $+1$ という値を加える．カルボニル炭素の場合はヘテロ原子である酸素が 2 個置換していると考える．分子全体の酸化段階は各炭素の酸化段階の総和である．たとえばエチレンでは式(7・1)に示したように各炭素の酸化段階は -2，-2 となり分子全体の酸化段階はこれらの数字の総和で -4 ということになる．エタノールでは各炭素の酸化段階は -3，-1 であり分子全体ではやはり -4 である．一方，アセトアルデヒドでは各炭素の酸化段階は -3，$+1$ であり，分子全体では -2 となる．したがってエチレンのアセトアルデヒドへの変換は酸化ということになる．エタノールからアセトアルデヒドへの変換，さらに酢酸への変換も酸化であり，対応する酸化段階は二つずつ高くなる．これに対して水との反応では反応の前後で分子全体の酸化段階は変化しない．たとえばエチレンに水を付加させるとエタノールとなるが，これら二つの化合物の酸化段階は，すでに述べたようにいずれも -4 である．したがって水の付加は酸化・還元反応ではない．

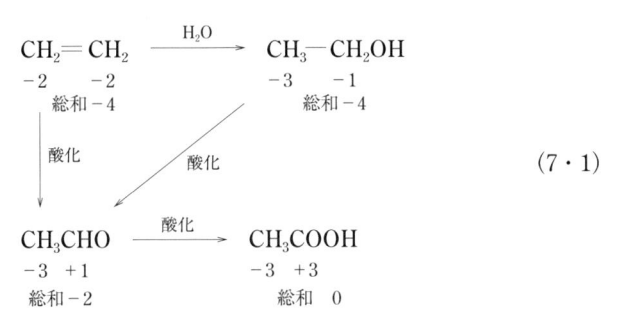

$$\begin{array}{ccc}
\mathrm{CH_2=CH_2} & \xrightarrow{\mathrm{H_2O}} & \mathrm{CH_3-CH_2OH} \\
-2\quad -2 & & -3\quad -1 \\
\text{総和} -4 & & \text{総和} -4 \\
\Big\downarrow \text{酸化} & \searrow \text{酸化} & \\
\mathrm{CH_3CHO} & \xrightarrow{\text{酸化}} & \mathrm{CH_3COOH} \\
-3\quad +1 & & -3\quad +3 \\
\text{総和} -2 & & \text{総和}\ 0
\end{array} \qquad (7\cdot 1)$$

　一方，無機化学において酸化・還元はそれぞれ電子を失うこと，電子をもらうことと定義されている．亜鉛原子，臭素原子などの酸化段階は 0 であり，これが n 個の電子を失うと $+n$ の酸化段階となる．逆に電子をもらえばその数だけ酸化

段階は下がる．

7・1・2　アルケンの酸化

a.　ヘキスト–ワッカー法

　エチレンをアセトアルデヒドに酸化する方法である．パラジウムと銅の2種類の金属塩を触媒として用いる．図7・1にその触媒サイクルを示す．

　まず，エチレンのπ電子がルイス(Lewis)酸である塩化パラジウムと反応し，π錯体 **A** を形成する．次にパラジウムに配位したエチレンを水分子が求核的に攻撃しσ錯体 **B** となる．ここからβ水素脱離が起こり，ビニルアルコールの配位したヒドリドパラジウム錯体 **C** が生成する．次にβ水素脱離の逆反応すなわちビニルアルコールに対するヒドロパラデーション反応が起こり **D** となる．この際，水素は **B** において結合していた炭素とは異なるもう一方の炭素に結合する．最後に **D** から OH 基の水素とパラジウムがβ脱離してアセトアルデヒドを与える．パラジウムは塩酸を放出して0価のパラジウムとなる．0価のパラジウムは

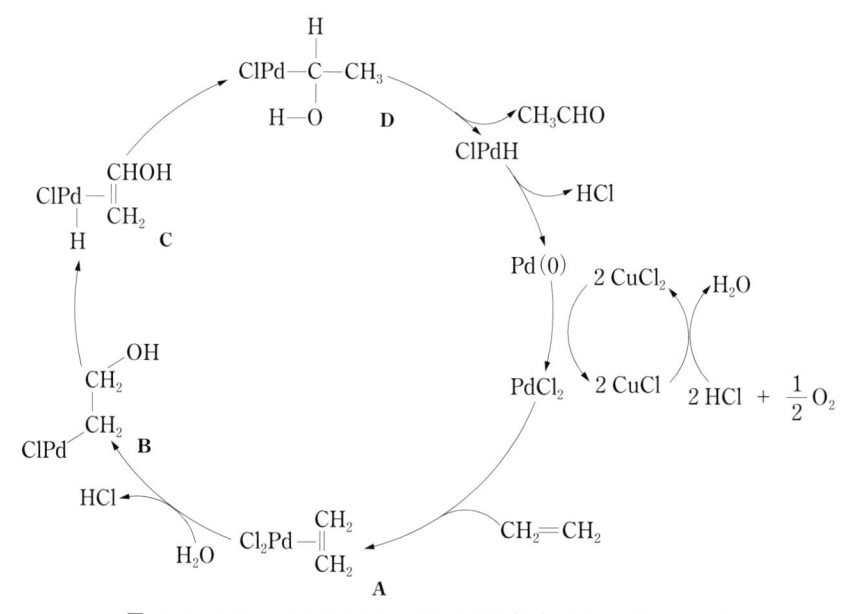

図 7・1　エチレンからアセトアルデヒドの合成（ヘキスト–ワッカー法）

塩化銅によって再酸化され2価に戻る．さらに1価に還元された銅は酸素によって2価へ酸化される［式(7・2)］．

$$CH_2=CH_2 + H_2O + PdCl_2 \longrightarrow CH_3CHO + Pd(0) + 2HCl$$

$$Pd(0) + 2CuCl_2 \longrightarrow PdCl_2 + 2CuCl$$

$$2CuCl + \frac{1}{2}O_2 + 2HCl \longrightarrow 2CuCl_2 + H_2O$$

$$CH_2=CH_2 + \frac{1}{2}O_2 \longrightarrow CH_3CHO \qquad (7・2)$$

エチレンが化学量論量の塩化パラジウムによってアセトアルデヒドに酸化されるという事実は，1894年に報告されていた．塩化パラジウムは還元され，パラジウム金属となる．このパラジウムを再酸化して2価のパラジウムを再生する反応を組み合わせてはじめて工業的プロセスとして成立したのである．この触媒サイクルのなかで注目してほしい点がある．それは2価の銅による0価パラジウム金属の酸化過程である．パラジウム化学のパイオニアである辻二郎が指摘しているように，この反応は化学の常識からすると不思議な反応である．パラジウムは貴金属とよばれ錆びない，つまり酸化されにくい性質をもっている．これに対して銅は卑金属とよばれ錆びやすく容易に酸化される．したがって常識ある化学者なら2価の銅塩を使って0価のパラジウムを酸化しようなどとは夢にも考えない．実際普通の条件では，この反応はほとんど進行しない．ところがCl^-が多量に存在すると平衡が右辺にずれ進行しやすくなる．ワッカー(Wacker)法ではこの反応を塩酸酸性中で行いパラジウムの循環に成功したのである．あまり常識とか知識にとらわれすぎると大きな発見はできないということを教えてくれるよい例である．反応全体をみると，エチレンは空気(酸素)だけでアセトアルデヒドに変換されたことになり，経済効率から考えるとすばらしい酸化プロセスといえる．

なおアセトアルデヒドの生成経路として，**C**においてビニルアルコールがパラジウムから脱離し，ビニルアルコールの互変異性によってアセトアルデヒドが得られる経路も考えられる．しかしながら，D_2O あるいは $CD_2=CD_2$ を用いる実験によってこの経路は否定された．すなわち水の代わりに重水を用いた場合，**C**から直接アセトアルデヒドが生成するのであれば，D_2O のDがアセトアルデ

ド中に入り CH_2DCHO が得られるはずである．ところが実際には生成物中には D が認められない．さらに $CD_2=CD_2$ を用いた実験では CD_3CDO が生成することからも，図 7・1 の触媒サイクルの妥当性が支持される．

エチレンの代わりにプロピレンを用いるとアセトンが得られる．π 錯体 **A′** において水分子がプロピレンを攻撃する際，選択的に内部アルケン炭素に結合するためである［式(7・3)］．これは途中に生成する σ 錯体において，第二級のカルボカオチンのほうが有利であることを考えれば説明がつく．

$$CH_3-CH=CH_2 \atop PdCl_2 \quad \mathbf{A'} \xrightarrow{H_2O} CH_3CH-CH_2PdCl \atop OH \longrightarrow CH_3CCH_3 \atop \|\ O$$

$$\left[CH_3\overset{\oplus}{C}HCH_2PdCl \quad > \quad {CH_3CH-\overset{\oplus}{C}H_2 \atop PdCl} \right] \quad (7・3)$$

プロピレンのアセトンへの変換にみられるように，$PdCl_2$ と CuCl を触媒に用い，酸素を酸化剤として一般のアルケンをケトンに変換することができる．最近では実験室においてアルケンからケトンを得る方法として利用されている．アルケンが塩化パラジウムに配位する場合，内部アルケンはその立体障害のために末端アルケンに比べて配位しにくいため，酸化されにくい．実際，末端アルケンと内部アルケンをあわせもつ基質に対して反応を行うと，末端アルケンだけを選択的に酸化することができる．またシクロヘキセンやシクロオクテンのような環状アルケンはほとんど酸化されない．

b．**酢酸ビニル合成**

ヘキスト-ワッカー法によるアセトアルデヒド合成の反応において水の代わりに酢酸を用いると酢酸ビニルが合成できる．類似の機構で反応は進行する．まず 2 価のパラジウムに配位したエチレンに対して酢酸アニオンが求核攻撃する．つづいて，生成したアセトキシエチルパラジウム錯体から β 水素脱離が起こり酢酸ビニルが生成する［式(7・4)］．

$$CH_2=CH_2 \atop Pd(OCOCH_3)_2 \xrightarrow{CH_3COO^{\ominus}} CH_2-CH_2OCOCH_3 \atop PdOCOCH_3$$

$$\xrightarrow{\beta \text{水素脱離}} CH_2=CHOCOCH_3 \quad (7・4)$$

c. 遷移金属触媒を用いるアルケンのエポキシ化

エチレンを銀触媒共存下に酸素酸化するとエチレンオキシドが生成する．加水分解によってエチレングリコールに変換され，ポリエチレンテレフタラート(PET)樹脂の原料や自動車の不凍液などに使われる[式(7・5)]．プロピレンを同じ条件下で酸素酸化するとプロピレンオキシドは得られずアクロレインが生成する[式(7・6)]．二重結合よりもアリル位の炭素のほうが酸化されやすいためである．アンモニア共存下に酸化するとアクリロニトリルが得られる[式(7・7)]．いずれも重要な工業プロセスである．

$$CH_2=CH_2 \xrightarrow[\text{Ag 触媒}]{O_2} \underset{CH_2-CH_2}{\overset{O}{\triangle}} \xrightarrow[H_2O]{H^+} HOCH_2CH_2OH \quad (7・5)$$

$$CH_2=CHCH_3 \xrightarrow[\text{Ag 触媒}]{O_2} CH_2=CHCHO \quad (7・6)$$

$$CH_2=CHCH_3 + NH_3 \xrightarrow[\text{Ag 触媒}]{O_2} CH_2=CHCN \quad (7・7)$$

実験室でアルケンをエポキシドに変換するには普通 m-クロロ過安息香酸(m-chloroperoxybenzoic acid, mCPBA)を用いる．アリルアルコールを出発原料とすると，ヒドロキシ基の立体配置がエポキシ環の立体化学を決定する．たとえば 2-シクロヘキセン-1-オールを mCPBA でエポキシ化すると，ヒドロキシ基とシスの配置をもつエポキシドが選択的に得られる．過酸がまずヒドロキシ基と水素結合したのちヒドロキシ基と同じ側から炭素-炭素二重結合を求電子的に攻撃するためである．

これに対して第三級ブチルヒドロペルオキシドを酸化剤とし，VO(acac)$_2$, Mo(CO)$_6$ や Al(O-t-Bu)$_3$ などを触媒としてアリルアルコールをエポキシ化する方法がある．2-シクロヘキセン-1-オールから同じエポキシアルコールが得られる[式(7・8)]．これらの反応の生成物だけをみると両反応剤の間の差は明らかではないが，金属触媒を用いるエポキシ化反応には大きな特徴がある．ゲラニオールを VO(acac)$_2$-t-BuOOH 系で酸化すると 2,3 位の二重結合だけがエポキシ化される[式(7・9)]．ヒドロキシ基から遠いほうの二重結合はまったくエポキシ化されない．アリルアルコールの二重結合は遊離の二重結合に比べて 200 倍以上速く反応する．位置選択的なエポキシ化が可能で有機合成上非常に有用である．一方

mCPBA を用いる酸化では二つの二重結合の間に反応速度の大きな差はなく，ゲラニオールを mCPBA で酸化するとヒドロキシ基から遠いアルケンがエポキシ化されたものと 2,3 位のアルケンがエポキシ化されたものとが混合物として得られる．

$$(7 \cdot 8)$$

$$(7 \cdot 9)$$

バナジウムを触媒とするエポキシ化は次のように進行すると考えられる．まずバナジウム触媒にアリルアルコールと第三級ブチルペルオキシドが作用してバナジウムエステルが生成する．このアルキルペルオキシ錯体 A が活性種である．ペルオキシドの酸素がアルケンを求電子攻撃し，矢印に従ってバナジウム錯体 B となる．さらに C へと変換され，最後に未反応のアリルアルコールと交換することによって β,γ-エポキシアルコールが得られる．一方バナジウム錯体 D の第三級ブトキシ基は第三級ブチルヒドロペルオキシドと交換し錯体 A へ戻り触媒サイクルが完成する［式(7・10)］．

$$(7 \cdot 10)$$

バナジウム触媒の代わりに $Ti(O-i-Pr)_4$ を用い光学活性な酒石酸エステル共存下にアリルアルコールを t-BuOOH で酸化すると光学活性なエポキシアルコールを得ることができる［式(7・11)］．香月，Sharpless による不斉エポキシ化である[1]．

アルケン部位の置換様式にかかわらず 90% 以上の高い不斉収率が得られ，その適用範囲の広さから天然物合成に盛んに利用されている．またラセミ体のアリルアルコールをこの系で 0.6 モル当量の t-BuOOH を用いて処理すると，一方の鏡像体だけがエポキシ化され，他方は光学活性なアリルアルコールとして回収される［式(7・12)］．速度論的光学分割の一例である．こうした業績に対してSharpless は 2001 年のノーベル化学賞を受賞した．

$$\text{(7·11)}$$

化学収率 77%
95%ee
(2S, 3S)

$$\text{(7·12)}$$

エリトロ：トレオ = 98 : 2   96%ee

d. オキソ金属種によるアルケンのエポキシ化

先に述べたアルキルペルオキシ金属錯体を用いるアルケンのエポキシ化反応の大きな特徴はアリルアルコールの二重結合に特異的に作用することである．このことが天然物合成には非常に有利になり，広く利用されている要因である．ところがこの事実を裏返せば官能基をもたない単純なアルケンはエポキシ化できないという弱点をもっている．近年官能基をもたないアルケンの不斉エポキシ化という，より困難な問題に対する研究が盛んに行われ，数々の成果が報告されている．アリルアルコールのエポキシ化においてはヒドロキシ基を仲介として反応剤との間で結合をつくり得るのでその反応の制御は割合と容易である．これに対し何のとっかかりもないアルケンと反応剤との反応を制御することは難しい．

香月，Jacobsen らは C2 対称を有する光学活性マンガンサレン錯体触媒を設計し，アルケンの不斉エポキシ化に応用してきわめて高いエナンチオ選択性を得て

---

1) T. Katsuki, K. B. Sharpless, *J. Am. Chem*. Soc., **102**, 5975 (1980).

いる[式(7・13)]．マンガンのオキソ錯体が活性種と考えられている．

$$\text{Ph} \diagup\!\!\!\!\diagdown \text{Me} \xrightarrow[\text{CH}_2\text{Cl}_2]{\text{NaOCl}} \underset{\underset{92\%\text{ee}}{\text{O}}}{\text{Ph} \triangle \text{Me}} \quad (7・13)$$

なお高原子価オキソ金属種としては，このほか $KMnO_4$，OsO_4，RuO_4 や CrO_3 などがあり，いずれも強い酸化力をもっている．CrO_3 はアルコール類を酸化してカルボニル化合物を与える．一方 OsO_4 や $KMnO_4$ はアルケンと反応してジオール体を与える．OsO_4 によるジオール生成を式(7・14)に示す．Sharpless らはこの反応を触媒化し光学活性アミン配位子を用いることによって不斉ジヒドロキシ化に成功している．

$$\text{R}\diagup\!\!=\!\!\diagdown\text{R} + \text{OsO}_4 \longrightarrow \text{(Os環状中間体)} \xrightarrow{\text{LiAlH}_4} \text{R}\diagup\text{OH},\text{R}\diagdown\text{OH} \quad (7・14)$$

e. オキソ金属ポルフィリン錯体によるエポキシ化(シトクロム P450)

シトクロム P450 とよばれる酵素は肝臓に存在し，異物代謝に重要な役割を果たしている酸素添加酵素(オキシゲナーゼ)である．酸素を巧みに二電子還元してオキソ鉄錯体を生成する．このオキソ錯体が活性種であり基質に酸素を与える．この P450 型の反応を人工のポルフィリン金属錯体を用いて行うことが検討されている．すなわち鉄ポルフィリンに酸化剤 PhIO を作用させオキソ錯体を得る．あるいはマンガンポルフィリン錯体を還元剤の共存下に酸素と反応させるとオキソ錯体が得られる．さらにこうして得た錯体がそれぞれアルケンをエポキシ化することが明らかにされている[式(7・15)]．P450 酵素反応と同様に穏和な条件下に反応が進行する．

$$\text{Fe(III)} + \text{PhIO} \longrightarrow \text{O=Fe(V)} \xrightarrow{\diagup\!\!=\!\!\diagdown} \triangle_\text{O} \quad (7・15)$$

天然の酵素を取り出し有機合成反応に利用しようとする試みはいくつかの例で見事に成功を収めている．しかしながら酵素そのものの付加価値が高すぎることや，生産性が低いとか安定性に乏しいなどの弱点をもっており酵素反応を用いたプロセスの実用化は一般に難しい．そこでこれらの弱点を補いつつ酵素のもっている反応の特異な制御能力だけを借用しようと，人工酵素による反応が研究されている．生体機能模倣または生体擬似反応(biomimetic reaction)とよばれる一連の反応であり先のd項で述べたマンガンのサレン錯体を用いるエポキシ化反応もその代表的な例である．

f. **二酸化セレンによるアルケンのアリル位の酸化**

二酸化セレン SeO_2 をアルケンに作用させるとアリルアルコールを得ることができる．メチレンシクロヘキサンを例にとって反応経路を説明する［式(7・16)］．まずエン反応によってアリルセレニウム化合物が生成する．つづいて[2,3]シグマトロピー転位が起こりアリルオキシセレニウム化合物となり，最後に加水分解によってアリルアルコールが得られる．セレン化合物は毒性が高く反応後のセレンの残渣処理が問題となる．二酸化セレンの使用量を触媒量に減じ t-BuOOH などの再酸化剤を併用する方法がとられる．

$$(7・16)$$

7・1・3 アルコールの酸化

a. **酸化クロム(VI)とその誘導体を用いる酸化**

酸化クロム(VI) 2.67 mol を濃硫酸 230 mL に溶解し，その後，水を加えて全量を1Lとしたものをジョーンズ(Jones)反応剤とよぶ．第二級アルコールをケトンに酸化するのに用いられる．たとえばシクロオクタノールのアセトン溶液にジョーンズ反応剤をゆっくり滴下する．オレンジ色の反応剤が瞬時に緑色に変化する．反応混合液にオレンジ色が残るところまで滴下を続ける．反応液からシク

ロオクタノンが収率よく得られる.

この反応は2段階で進行する. まず酸化クロム(VI)とアルコールからクロム酸エステルが生成する[式(7・17)]. つづいてクロム酸エステルが分解してケトンを与える[式(7・18)]. $(CH_3)_2CHOH$ と $(CH_3)_2CDOH$ をジョーンズ反応剤で酸化したときの反応速度比は $k_H/k_D = 7.7$ である. したがって反応の律速段階は2段めの水素引抜き過程である. この2段めでクロムは二電子還元され4価となる. 同時にアルコールは二電子酸化をうけケトンになる.

$$(7 \cdot 17)$$

$$(7 \cdot 18)$$

クロムは最終的には安定な3価にまで還元される. そこで4価クロムは不均化により3価と5価のクロムになり, この5価クロムはもう1 mol のアルコールをケトンに変換することができる. したがって全体としてみれば, 酸化クロム(VI) 1 mol はアルコール 1.5 mol を酸化する.

水溶液中においては, アルデヒドのカルボン酸への酸化が第一級アルコールのアルデヒドへの酸化よりも容易に起こる. したがって第一級アルコールを酸化してアルデヒドで止めることは難しい. アルデヒドは水溶液中では水と反応して gem-ジオール体(アルデヒド水和物)となり, このジオール体が酸化クロムと反応してクロム酸エステルを経てカルボン酸を与える[式(7・19)].

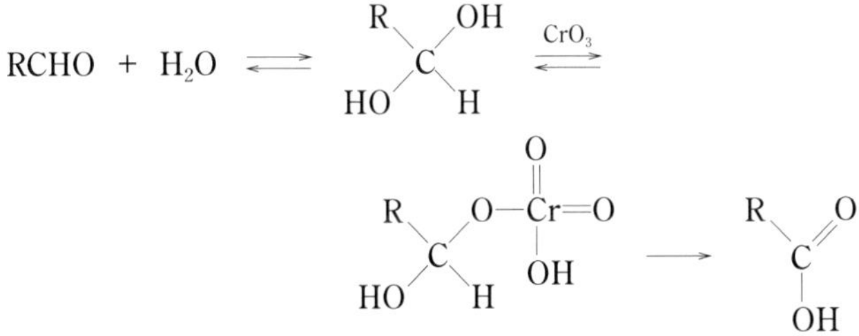

$$RCHO + H_2O \rightleftharpoons \underset{HO}{\overset{R}{\underset{|}{C}}}\underset{H}{\overset{OH}{|}} \xrightleftharpoons{CrO_3}$$

$$\underset{HO}{\overset{R}{\underset{|}{C}}}\underset{H}{\overset{O-Cr=O}{\underset{|}{|}}} \longrightarrow \underset{OH}{\overset{R}{\underset{|}{C}}}\overset{O}{\|} \qquad (7\cdot19)$$

アルデヒドは反応性に富み，炭素-炭素結合生成反応に有用な物質である．したがって第一級アルコールを酸化してアルデヒドを得る反応は有機合成上重要な反応の一つである．酸化クロム(VI)の反応を無水の溶媒中で行うことができればアルデヒドを得ることができるはずである．実際，有機溶媒に溶解するように工夫されたクロム酸の錯体が数多く開発され，アルデヒド合成に利用されている．代表的なものとしてピリジニウムクロロクロマート(PCC)やピリジニウムジクロマート(PDC)などがある(図 7・2)．

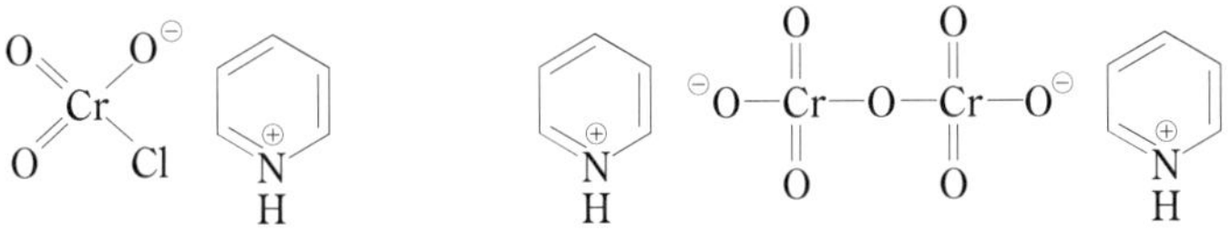

図 7・2 第一級アルコールの酸化に用いられるクロム酸誘導体

b. オッペナウアー酸化

アルミニウムアルコキシドの存在下では，アルコールとカルボニル化合物の間に水素移動によって酸化・還元の平衡が成り立っている．アルコールを，水素受容体であるカルボニル化合物たとえばアセトンとともに，ベンゼン中でアルミニウムイソプロポキシドと加熱すると，アルコールはカルボニル化合物に変換される[式(7・20)]．反応条件が比較的穏和で第二級アルコールのケトンへの酸化に適している．逆反応はメーヤワイン-ポンドルフ(Meerwein–Ponndorf)還元とよばれ，カルボニル化合物を対応するアルコールに還元する反応である．この場合には2-プロパノールを大過剰に用いる．

$$\underset{R^2}{\overset{R^1}{>}}\!\!CHOH + \underset{R^4}{\overset{R^3}{>}}\!\!C\!=\!O \underset{H_2O}{\overset{Al(OR)_3}{\rightleftharpoons}}$$

[図：アルミニウムアルコキシドを介した遷移状態構造]

$$\underset{Al(OR)_3}{\overset{H_2O}{\rightleftharpoons}} \underset{R^2}{\overset{R^1}{>}}\!\!C\!=\!O + \underset{R^4}{\overset{R^3}{>}}\!\!CHOH \quad (7 \cdot 20)$$

7・2 還元反応

7・2・1 炭素–炭素不飽和結合の還元

a. 金属触媒を用いる水素化反応

炭素–炭素三重結合や二重結合に水素を付加させ，飽和アルカンを得る反応について述べる．アルケンに水素を付加しアルカンへ変換する反応は発熱反応であるが，実際は高温にしても反応は起こらない．ところが，触媒を加えると反応が進行する．触媒には反応系中に不溶な不均一系触媒と可溶な均一系触媒とがある．炭素上にパラジウムを分散させたもの(Pd—C)や，酸化白金 PtO_2 を水素の存在下にコロイド状の金属白金に変換したものなどが不均一系触媒の代表例である．一方，均一系触媒にはウィルキンソン(Wilkinson)触媒［$RhCl(PPh_3)_3$］やルテニウム錯体などをあげることができる．不均一系触媒は反応後の回収が容易で，工業的に好まれて使用されている．これに対して均一系触媒は反応の機構の検索などに有利である．

触媒の作用は，水素を活性化して金属に結合した水素を触媒表面につくり出すことである．金属触媒なしに H—H 結合($104\,kcal\,mol^{-1}$)を熱的に切断することはエネルギー的に不可能である．ウィルキンソン触媒によるアルケンの水素化の反応機構を図7・3に示す．① 配位子交換：ウィルキンソン触媒の配位子である PPh_3 の一つがはずれて(dissociation)，溶媒分子が入る(association)．この二つ

7·2 還元反応

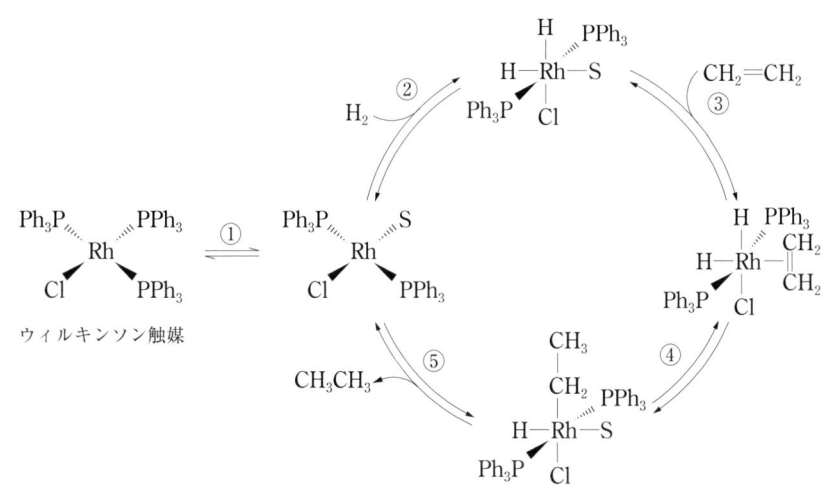

図 7·3 ウィルキンソン触媒によるエチレンの水素化（S＝溶媒分子）

をまとめてながめると，配位子の一つが PPh_3 から溶媒分子に置きかわったことになるため，配位子交換とよぶ．② 水素の酸化的付加：配位不飽和なロジウム錯体に対して，水素が付加する．錯体中の金属は価電子の数を増加させ，酸化状態が高くなる．すなわちロジウムは1価から3価となる．③ 配位子交換：溶媒分子が抜け，アルケン分子がその配位座を占める．④ 挿入反応：不飽和化合物であるアルケン分子が，錯体金属と水素の結合の間に挿入する．この反応によって，アルケンとロジウムの間のπ結合とロジウムと水素間のσ結合が，ロジウムと炭素ならびに炭素と水素間の新しい二つのσ結合に置きかわり，錯体は配位不飽和となる．そこで溶媒分子が取り込まれて再び飽和な錯体となる．なお，挿入反応は立体特異的に進行しアルケンに対して M—H がシン付加する．この段階が律速段階である．⑤ 還元的脱離：アルキル基と水素がロジウム金属から脱離し，アルカンを与える．ロジウム錯体が再生され，触媒サイクルが完成する．この際，ロジウムは3価から1価となる．アルケンの挿入反応ならびに，この還元的脱離の二つの段階がともに立体特異的に進行するため，アルケンに対する水素付加反応は全体として立体特異的にシン付加で進行することになる．

たとえば，1-エチル-2-メチルシクロヘキセンを金属触媒存在下に水素化すると，cis-1-エチル-2-メチルシクロヘキサンが選択的に生成する［式(7·21)］．

水素はアルケンのつくる面の上側と下側から同じ割合でシン付加するため生成物はラセミ体である．

$$\underset{\text{Me}}{\overset{\text{Et}}{\diagdown}}\xrightarrow[\text{PtO}_2]{\text{H}_2} \text{（生成物）} + \text{（生成物）} \tag{7・21}$$

ここで，光学活性なリン配位子をもつロジウムやルテニウム金属錯体を触媒として用いると，一方の鏡像体だけを選択的に得ることができる．リン原子上にある，かさ高い基のために水素化反応が高選択的にアルケンの一方の面からのみ進行するためである．具体例については8・2・2c項で述べる．

アルケンの水素化と同じ反応条件下で，アルキンを水素化することができる．三重結合は普通，飽和のアルカンにまで還元される．アルケンを得たい場合には工夫が必要である．水素化は段階的に進行するので，修飾によって触媒活性を弱めたものを使用すれば，中間体であるアルケンの段階で反応を止めることができる．リンドラー(Lindlar)触媒とよばれる活性を弱めた不均一系触媒は，パラジウムを炭酸カルシウム上に沈殿させた後，酢酸鉛とキノリンで処理することによって調製される．金属表面はパラジウム炭素(Pd—C)よりも不活性となる．水素はシン付加するので cis-アルケンの立体選択的合成法となる．

b. ヒドロメタル化を利用した炭素-炭素不飽和結合の還元

炭素-炭素三重結合や二重結合に対して，ヒドリドと金属を付加させる反応について述べる．有機金属化合物の調製法の一つであり(3章参照)生成する炭素-金属結合はそのまま有機金属化合物として種々の合成に使われる．これに対して，炭素-金属結合を加水分解すれば炭素-金属結合は炭素-水素結合に変換され，全体としてみれば炭素-炭素不飽和結合に水素分子を付加させたことになる．ヒドロホウ素化反応については3・2・4項で述べたが，アルキンとの反応を中心にここでもう一度少し詳しく解説する．

ホウ素(電子配置が $1s^2 2s^2 2p^1$)は，二つある2s電子のうち一つを2p軌道に昇位することによって($1s^2 2s^1 2p_x^1 2p_y^1$)，三つの結合形成に必要な三つの原子軌道をつくる．さらにこれらの軌道を混ぜ合わせ，sp^2 型の混成軌道を形成する．3番めのp軌道(p_z)には電子は入っておらず，配位的に不飽和なため電子不足型化合物とよばれる．そのため容易に二量化し，互いが空軌道を補い，三中心二電

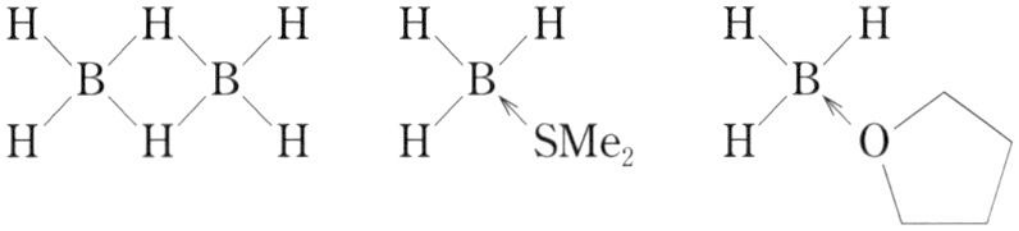

図7・4 ジボランと安定なホウ素錯体

子結合によってジボラン B_2H_6 を形成する(2・2節参照). $BH_3\cdot(CH_3)_2S$ や $BH_3\cdot$ THF などの安定な錯体として市販されており,実験室ではこれらを使用する(図 7・4).

ボランやアルキルボラン(RBH_2, R_2BH)は,炭素-炭素三重結合や二重結合に対して位置ならびに立体選択的に付加する.アルキンのヒドロホウ素化を次式に示す.ホウ素がルイス酸としてはたらき炭素-炭素三重結合のπ電子を取り込み,まずπ錯体(ルイス酸-塩基複合体)を形成する.ついで四員環の遷移状態を経由して,水素とホウ素がそれぞれ炭素と結合する[式(7・22)].したがって水素とホウ素はアルキンの一方の面から攻撃し,一挙に二つの結合 C—H 結合と C—B 結合が生成する.この付加反応は,立体特異的にシン付加であるだけでなく位置選択的でもある.末端アルキンの場合には水素は内側の炭素に,ホウ素は末端炭素に結合する.この位置選択性は,ホウ素がルイス酸性をもっていることを考えれば容易に説明できる.すなわちホウ素が末端炭素に結合して生成するカルボカチオンが内部炭素に結合して生じるカチオンに比べて安定なためである.

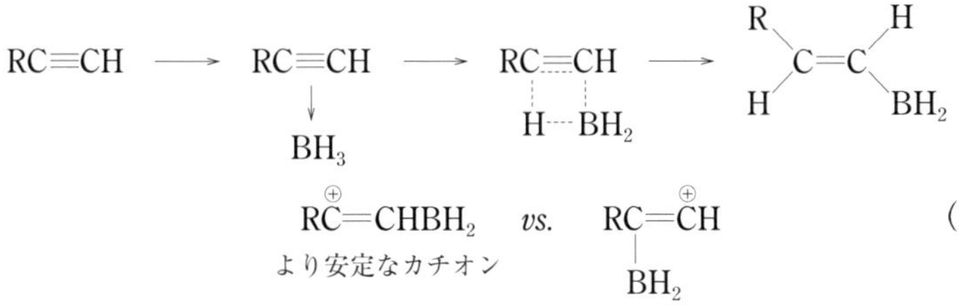

$$\text{RC}\equiv\text{CH} \longrightarrow \underset{\overset{|}{BH_3}}{\text{RC}\equiv\text{CH}} \longrightarrow \underset{H\cdots BH_2}{\text{RC}\equiv\text{CH}} \longrightarrow \underset{H}{\overset{R}{C}}=\underset{BH_2}{\overset{H}{C}}$$

$$\underset{\text{より安定なカチオン}}{\overset{\oplus}{\text{RC}}=\text{CHBH}_2} \quad vs. \quad \underset{BH_2}{\overset{\oplus}{\text{RC}}=\text{CH}} \qquad (7\cdot22)$$

最後に,このヒドロホウ素化体を酢酸やプロピオン酸で分解すると末端アルケンが得られる.全体としてアルキンを(Z)-アルケンに還元したことになる.

アルケンのヒドロホウ素化もアルキンの場合と同様に容易に進行する.そして,得られたヒドロホウ素化体を酢酸やプロピオン酸で処理するとアルカンが生成する.なお,ここで酢酸やプロピオン酸の代わりにアルカリ性過酸化水素で分解す

ると，C—B 結合が立体化学を保持したまま C—OH 結合に変換される．形式上マルコウニコフ(Markovnikov)則とは逆の向きに水が付加したことになる．末端アルケンから末端アルコールの合成法として重要な反応である．C—B 結合の酸化的切断は，ホウ素に対する $^-$OOH の攻撃による四配位ホウ素の生成と，これに続く炭素のホウ素原子上から酸素原子への転位，O—B 結合の加水分解という経路で進行する．なお本章のはじめに述べたように，アルケンからアルコールへの変換は全体としてみれば水和反応であり，酸化・還元反応ではない．すなわちアルケンとアルコールの酸化段階は同じである．

c. **金属(dissolving metal)による還元**

リチウム，ナトリウム，カリウムなどのアルカリ金属やマグネシウム，カルシウムなどのアルカリ土類金属は，容易に酸化されて対応するカチオンを与える．いい換えると，相手を還元する能力をもっている．これら金属のイオン化されやすさは，酸化還元電位の大きい値から明らかである(表7・1)．

表 7・1　金属の酸化還元電位（液体アンモニア中 25 ℃）

Li $\longrightarrow$ Li$^+$ + e$^-$ + 2.34 V	Mg $\longrightarrow$ Mg^{2+} + 2e$^-$ + 1.74 V
Na $\longrightarrow$ Na$^+$ + e$^-$ + 1.89 V	Ca $\longrightarrow$ Ca^{2+} + 2e$^-$ + 2.17 V
K $\longrightarrow$ K$^+$ + e$^-$ + 2.04 V	

この強い還元力を種々の有機化合物の還元に利用することができる．一般に，液体アンモニアなどに金属を溶かした状態で用いる．有機化合物の還元には，一電子還元と二電子還元とがあるが，金属による還元は一電子移動による還元である．これに対して，水素化メタルや触媒を用いる水素化反応は二電子移動過程を含む還元反応である．

（ⅰ）**アルキンの還元**　内部アルキンは，液体アンモニア中アルカリ金属によって容易に還元され，(E)-アルケンを与える．反応は式(7・23)のように進行する．まず，金属から一電子移動が起こりアニオンラジカルが生成する．ついで，アンモニアからプロトンを引き抜きアルケニルラジカルとなる．アルケニルラジカルは，シス体とトランス体の間に速い平衡が存在するがより安定なトランス体が選択的に金属から一電子を受け取り，アルケニル金属化合物に変換される．こうして生成したアルケニル金属化合物種は，アルケニルラジカルとは異なり，二重結合まわりの回転がなく立体配置が固定されている．最後に，*trans*-アルケニ

ル金属化合物は立体配置を保持したまま，アンモニアからプロトンを引き抜き，(E)-アルケンとなる．(Z)-アルケンを選択的に与えるリンドラー触媒を用いるアルキンの部分水素化反応と相補的である．

末端アルキンの場合には金属アセチリドが生成し三重結合へのアルカリ金属の攻撃が阻害されるためアルケンへの還元は起こらない．

$$(7・23)$$

(ii) バーチ還元 ナフタレンのジメトキシエタン溶液に金属ナトリウムを加え，はげしくかくはんすると，金属ナトリウムは溶解し緑色の溶液を与える[式(7・24)]．この緑色は，ナトリウムからナフタレンの低い空軌道(LUMO)への一電子移動によって生成したアニオンラジカルによるものである．ジメトキシエタンのような非プロトン性の溶媒中では，生成したアニオンラジカルは安定に存在する．同様の反応を液体アンモニア中，エタノールや第三級ブチルアルコールなどのプロトン性化合物の共存下に行うと，芳香族化合物はジヒドロ芳香族化合物へ変換される．バーチ(Birch)還元とよばれるこの反応は，ジヒドロ芳香族化合物が，有機合成上有用な化合物であるため，重要な反応の一つである．リチウムの溶解度はカリウムやナトリウムに比べて大きく，さらに酸化還元電位もこれらの金属よりも大きいため，リチウムがもっともよく用いられる．

$$(7・24)$$

芳香族化合物の還元されやすさは，その還元電位に関係している．アントラセ

ン, ナフタレン, ビフェニル, ベンゼンの順で, ベンゼンがもっとも還元されにくい. ベンゼンの還元は, 溶媒として用いる液体アンモニアだけでは進行せずエタノールのようなプロトン源の共存が不可欠である. これに対して, ビフェニルやナフタレンのような融着した多環芳香環化合物の還元では, アンモニア自身がプロトン源としてはたらくためエタノールのようなプロトン源を加える必要がない.

バーチ還元による生成物の位置選択性について考える. ベンゼンをバーチ還元すると1,4-シクロヘキサジエンが得られ, ナフタレンも非共役のアルケンを与える. 反応はアルキンのアルケンへの還元と同様の機構で進行する. すなわち, まずナトリウムやリチウムからベンゼン環に一電子移動が起こりアニオンラジカルが生成する. 次にプロトン源であるアルコールからプロトンを引き抜きラジカルとなる. ここにもう一度金属から一電子移動が起こり, 再びアニオンとなり, 最後にプロトン化によりジエンが生成する[式(7・25)].

$$(7 \cdot 25)$$

非共役ジエンが選択的に得られる理由についてはよくわかっていない. ジアニオン中間体が反応系中に生成して, この中間体は電子の反発によってAの構造をとるためという説明がなされていたが, 詳細な研究により, ジアニオン中間体は生成せず, アニオンラジカルからまずプロトン化が起こるという反応機構が現

7・2 還元反応

在では支持されている．したがって，もっとも LUMO の係数の大きい場所でプロトン化する，という説明のほうがふさわしいように思われる．ナフタレンのアニオンラジカルの LUMO は式(7・26)のようになっており，最初のプロトン化はα位で起こることが予想され，実際そうである．次に 2 番めのプロトン化の場合については LUMO の係数がいずれも 0.5 と同じであり，これからは判断できない．ベンジル位のアニオンのほうが安定なため 2 番めのプロトン化もオルト位で起こると考えられている．

$$(7 \cdot 26)$$

$$(7 \cdot 27)$$

$$(7 \cdot 28)$$

電子求引基や電子供与基を置換基としてもつベンゼン環のバーチ還元では生成するジエンの位置が異なる．安息香酸の還元では，金属からの一電子移動によっ

て生成するアニオンラジカルは，**B**の形がもっとも安定である．したがって還元体は**C**となる［式(7・27)］．一方，電子供与基の置換したアニソールの還元では**D**が生成する［式(7・28)］．また電子求引基の置換した芳香環は反応しやすく，電子供与基のついたベンゼン環は反応しにくい．ナフタレンの1位に異なる置換基をつけた場合には還元される環が異なる［式(7・29)］．

$$\text{(7・29)}$$

7・2・2 カルボニル化合物の還元

a. 水素化金属化合物による還元

カルボニル化合物たとえばケトンに対してアルキル金属化合物 R—M を反応させると，アルキル基の付加が起こり第三級アルコールが得られる．これに対して，水素化金属化合物 H—M をケトンに付加させるとケトンは還元されて第二級アルコールとなる．代表的な還元剤として，$NaBH_4$ と $LiAlH_4$ をあげることができる．$NaBH_4$ は穏和な還元剤で，メタノールやエタノールなどのアルコール溶媒中でアルデヒドやケトンを還元することができる．しかしながら反応性の低いエステルやカルボン酸は還元できない．一方，$LiAlH_4$ は強い還元剤で，アルコールとは瞬時に反応する．その粉末にアルコールや水を1滴落とすと，水素ガスを発生し発火する．エーテルやテトラヒドロフランなどの無水溶媒中で，すべてのカルボニル化合物を還元することができる．両者の反応性の違いは，次の反応式(7・30)で明らかである．たとえばβ-ケトエステルを $NaBH_4$ で還元するとβ-ヒドロキシエステルが得られるのに対し，$LiAlH_4$ を用いるとジオールが生成する．

$$\text{(7・30)}$$

実験室でよく用いられる還元剤として，これら以外にジイソブチルアルミニウムヒドリド(i-Bu$_2$AlH)がある．アルデヒド，ケトン，エステルは容易に対応するアルコールへ変換される．またカルボン酸やアミドも i-Bu$_2$AlH を過剰に用い，溶媒を加熱還流させるといった条件で還元することができる．この還元剤の大きな特徴は，反応条件を選ぶことによって，エステルやラクトンをアルデヒドに変換できることである．$-60\,°C$ といった低温でエステルに i-Bu$_2$AlH を作用させ，反応液を加水分解することによってアルデヒドを得ることができる．還元生成物 **A** がアルコキシ基のアルミニウムへの配位によって安定化されており，還元反応系中でアルデヒドへ分解しないためである．後処理の段階で O—Al 結合が切断され，ヘミアセタールを経由してアルデヒドが生成する［式(7・31)］．なお，室温で反応を行うと **A** が反応系中でアルデヒドへと分解してしまうため，さらに還元が進み，第一級アルコールが生成する．

$$\text{RC}\begin{matrix}\text{O}\\\text{OEt}\end{matrix} \xrightarrow{i\text{-Bu}_2\text{AlH}} \text{RCH}\begin{matrix}\text{O—Al-}i\text{-Bu}_2\\\text{OEt}\end{matrix} \xrightarrow{\text{H}_3\text{O}^+} \left[\text{RCH}\begin{matrix}\text{OH}\\\text{OEt}\end{matrix}\right] \quad (7\cdot 31)$$
$$\text{A} \longrightarrow \text{RCHO}$$

α,β-不飽和カルボニル化合物に i-Bu$_2$AlH を作用させると，アリルアルコールが選択的に得られる．これに対して，トリアルキルスタンナンを用いると1,4還元が起こり，飽和のカルボニル化合物が生成する［式(7・32)］．

$$\text{C=C—C=O} \begin{matrix}\xrightarrow{i\text{-Bu}_2\text{AlH}} & \text{C=C—CHOH}\\ \xrightarrow{\text{R}_3\text{SnH}} & \text{HC—C=C—OSnR}_3\end{matrix} \xrightarrow{\text{H}_3\text{O}^+} \text{HC—CH—C=O}$$

$$(7\cdot 32)$$

b. 触媒的水素化による還元

7・2・1項のアルケンの還元で述べた触媒共存下での水素化反応は，アルデヒドやケトンの還元にも利用できる．白金，パラジウムあるいはニッケルのような金属の微粒子を，その表面積が最大になるように，炭素のような担持物質上に析出させたものを触媒として使用する［式(7・33)］．

$$\text{CH}_3\underset{\underset{\text{CH}_3}{|}}{\text{CH}}\text{CH}_2\underset{\underset{}{\overset{\overset{\text{O}}{\|}}{}}}{\text{CH}} \xrightarrow{\text{H}_2/\text{Pd—C}} \text{CH}_3\underset{\underset{\text{CH}_3}{|}}{\text{CH}}\text{CH}_2\underset{\underset{\text{H}}{|}}{\overset{\overset{\text{OH}}{|}}{\text{CH}}} \qquad (7 \cdot 33)$$

量論反応と触媒反応 8

> 本章では，まず典型金属化合物と遷移金属化合物の反応性の違いを酸化的付加，β水素脱離，挿入反応ならびに還元的脱離という四つの素反応について検証する．そして典型金属化合物を用いる量論反応の触媒化が困難であるのに対し，遷移金属錯体を用いる反応では素反応をうまく組み合わせることで量論反応を触媒反応に移行できることを学ぶ．そのあとで遷移金属錯体を用いるいくつかの触媒反応について実例をあげながら解説する．

8・1 典型金属化合物と遷移金属化合物の違い

8・1・1 典型金属化合物と遷移金属化合物の安定性の違い

a. アルキル金属化合物

多くの有機金属化合物は，空気中で燃え出したり分解したりして扱いにくいものである．しかしながら，ブチルリチウムや臭化メチルマグネシウムなどのアルキル典型金属化合物は比較的安定である．ブチルリチウムのヘキサン溶液や臭化メチルマグネシウムのエーテル溶液が市販されている．酸素や湿気がない状態であれば，冷蔵庫で長期間保存可能である．一方，アルキル遷移金属錯体は1950年代中頃までは合成単離された例が少なく，本質的に不安定と考えられていた．しかし，実験技術の進歩とともに現在では多くのアルキル遷移金属化合物が合成され安定な形で単離されている．

両者の結合エネルギーを比べてみる．n–BuLi や EtZnX の典型金属–炭素 σ 結合の平均結合エネルギーが，59.3 kcal mol^{-1} や 34.7 kcal mol^{-1} であるのに対し，$Cp_2Ti(CH_3)_2$ や $CpPt(CH_3)_3$ などの遷移金属とメチル基の平均結合エネルギーは，59.8 kcal mol^{-1} や 39.4 kcal mol^{-1} である．このように遷移金属–炭素の結合エネルギーは典型金属–炭素の結合エネルギーと同程度であり，本質的には安定と考

えられる.したがって,アルキル遷移金属化合物が典型金属化合物に比べて合成が難しいのは,これらの錯体がきわめて酸素や湿気に弱いということと,加えて,これらの錯体が分解するエネルギー障壁の低い経路が存在するためである.前者の原因は,空気を断って実験の行えるグローブボックスの使用など実験技術によって克服することができる.後者の分解には,還元的脱離と β 脱離の二つの経路がある.これらの分解過程に対しては,β 脱離を起こす水素をもたないようなアルキル基を使用するとか,ホスフィンのような配位子を添加して還元的脱離を抑えるなどの工夫による安定化が計られている.有機合成の立場から考えると,単離の困難な遷移金属化合物は反応系中で発生させ,そのまま使用するほうが便利である.

b. 金属-アルケン π 錯体

典型金属とアルケンの間の安定な π 錯体は知られていない.反応中間体としての存在が推測されているにすぎない.たとえば,7・2・1b 項のアルケンのヒドロホウ素化のところで述べたように,この反応においてはまず π 錯体が生成し,このものがただちに σ 錯体へと変換される.このように中間体としての存在は考えられているが単離同定されたものはない.一方,遷移金属とアルケンの間の π 錯体は安定に存在する.1章で取りあげたツァイゼ(Zeise)塩とよばれる白金-エチレン錯体は,2価の白金にエチレンが配位したものである.図8・1のようにエチレンは金属を含む分子面に垂直に配位している.

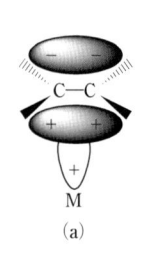

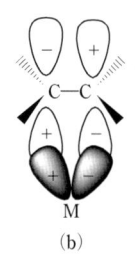

図 8・1 アルケン π 軌道から金属の空軌道への電子供与(a)と,金属の d 軌道からアルケンの π* 軌道への逆供与(b)

遷移金属とアルケンの結合がアルケンから金属への電子供与と金属からアルケンへの逆供与の二つの部分から成り立っていることはすでに述べた.前者ではアルケンの π 軌道と金属の空の d 軌道が重なり合い,電子はアルケンの満たされた軌道から金属の空の軌道へ流れ込む.一方,後者では金属の d 軌道とアルケ

ンの反結合性のπ*軌道が重なり合い，金属の電子の入ったd軌道からアルケンの空のπ*軌道へ電子が流れ込む．d軌道の＋，－とアルケンの＋，－の符号が一致しているためにうまく重なり合うことができる．

8・1・2 典型金属化合物と遷移金属化合物の反応性の違い

2章の有機金属化合物に関する基礎用語のところであげた各素反応について，典型金属化合物と遷移金属化合物のあいだの類似点ならびに相違点を考えてみる．

a. 酸化的付加

酸化的付加は遷移金属に特徴的な反応であるが，典型金属においてもみられる．グリニャール(Grignard)反応剤やシモンズ-スミス(Simmons-Smith)反応剤の調製を例としてあげることができる．すなわち，グリニャール反応剤の調製をマグネシウムに対するハロゲン化アルキルの酸化的付加ととらえ[式(8・1)]，シモンズ-スミス反応剤の調製を亜鉛に対するジヨードメタンの酸化的付加ととらえることができる[式(8・2)]．これらの反応は0価のパラジウムにヨードベンゼンが酸化的付加するのと全く同じ様式の反応である[式(8・3)]．

$$R-X + Mg \longrightarrow RMgX \qquad (8・1)$$

$$CH_2I_2 + Zn \longrightarrow ICH_2ZnI \qquad (8・2)$$

$$\text{Ph}-I + Pd(0) \longrightarrow \text{Ph}-Pd-I \qquad (8・3)$$

b. β水素脱離

典型金属化合物ならびに遷移金属化合物いずれにおいても，β水素脱離反応は同じように起こる．たとえば，トリイソブチルアルミニウムを加熱すると，2-メチルプロペンが脱離してジイソブチルアルミニウムヒドリドが得られる[式(8・4)]．また，ヒドロホウ素化反応のところで述べたように，アルケンに対するボランの付加は可逆的であり，加熱すると内部アルケンから出発しても末端のアルキルボランが得られる[式(8・5)]．このことは途中でヒドロホウ素化の逆反応であるβ水素脱離が起こっていることを意味する．この様式の反応が，ジルコニウムでは室温で起こることもすでに述べた．典型金属化合物と遷移金属化合物の相違は，遷移金属化合物ではβ水素脱離反応に対するエネルギー障壁が低く，

反応が室温以下で容易に進行するのに対し，典型金属化合物では加熱を要する点である．

$$\underset{\substack{|\quad\;|\\ \text{H}\quad \text{Al}-i\text{-Bu}_2}}{\text{CH}_3\text{-C}-\text{C}-\text{H}}^{\text{CH}_3\;\text{H}} \longrightarrow \underset{\text{CH}_3}{\text{CH}_3-\overset{|}{\text{C}}=\text{CH}_2} + i\text{-Bu}_2\text{AlH} \quad (8\cdot 4)$$

$$\diagup\!\!\!\diagdown\!\!\!\diagup\!\!\!\diagdown \xrightarrow[\text{Cp}_2\text{Zr(H)Cl, 室温}]{\text{BH}_3, 加熱あるいは} \diagup\!\!\!\diagdown\!\!\!\diagup\!\!\!\diagdown\text{M} \quad (8\cdot 5)$$
$$\text{M}=\text{BH}_2,\text{ZrCp}_2\text{Cl}$$

c. 挿入反応

まず，アルケンの挿入反応について考える．Ziegler は，Et_3Al に $TiCl_4$ を組み合わせた触媒系にエチレンを作用させると，分子量が数万のポリマーが生成することを見出しノーベル賞を受賞した．このチーグラー(Ziegler)触媒を発見するきっかけになった反応が，Et_3Al とエチレンの反応である．Et_3Al にエチレンを作用させると，Al—Et 結合間にエチレンの挿入が起こる．ある程度挿入したところで β 水素脱離が起こるためポリマーは生成しない．平均炭素数が 14 のオリゴマーが得られる．このようにアルケンの挿入に関しても典型金属化合物ならびに遷移金属化合物どちらにも起こる反応である．

これに対して，カルボニルの挿入では典型金属と遷移金属で大きく異なる．グリニャール反応剤とカルボニル化合物の反応は α,β 挿入であるのに対し，R—Pd—X などに対する CO の挿入は α,α 挿入である（2・3・3 項参照）．

d. 金属交換反応（トランスメタル化反応）

金属交換反応については，典型金属化合物と遷移金属化合物の間にほとんど差はない．たとえば，MeLi 2 mol を $ZnCl_2$ あるいは $PdCl_2$ に作用させると，いずれの場合もリチウム上のメチル基は亜鉛あるいはパラジウム上へ移動する［式(8・6)，(8・7)］．

$$2\,\text{MeLi} + \text{ZnCl}_2 \longrightarrow \text{Me}_2\text{Zn} + 2\,\text{LiCl} \quad (8\cdot 6)$$

$$2\,\text{MeLi} + \text{PdCl}_2 \longrightarrow \text{Me}_2\text{Pd} + 2\,\text{LiCl} \quad (8\cdot 7)$$

e. 還元的脱離

これまでみてきた各素反応においては，典型金属化合物ならびに遷移金属化合物はいずれもほぼ同じような反応性を示す．ところが，両金属化合物で決定的に

異なる反応がある．それは還元的脱離である．そして，まさにこの相違が両者を顕著に区別する性質である．ジメチルパラジウムやトリメチルヨウ化白金(IV)は容易に還元的脱離を起こし，0価のパラジウムや2価の白金になる[式(8・8), (8・9)]．ところがジメチルマグネシウムやトリメチルアルミニウムではこのような反応は起こらない．典型金属化合物においては，酸化的付加は起こるが還元的脱離反応は起こらない．すなわち酸化は容易にうけるが一度酸化されると，もとの還元体に戻すことは難しい．いい換えるとマグネシウムは0価より2価が，またアルミニウムでは0価より3価のほうが安定である．一方，遷移金属は配位子や溶媒を選ぶことによって高原子価状態と低原子価状態の間の安定性の差を小さくすることができる．そのため酸化的付加ならびに還元的脱離の両方の反応が可能である．そして，このことが遷移金属錯体の反応が触媒サイクルを形成できる大きな要因となっている．典型金属化合物の反応では生成物に金属が結合した形が安定であり，加水分解などの後処理をしないと生成物から金属を分離することができない．そのため典型金属はつねに化学量論量必要となる．これに対し，遷移金属は還元的脱離によって生成物を放出し，もとの形へ戻ることができるので触媒量で反応を行うことが可能となる．

$$Me-Pd-Me \longrightarrow Me-Me + Pd(0) \qquad (8・8)$$

$$Me_3Pt-I \longrightarrow Me-Me + MePt-I \qquad (8・9)$$

8・2　量論反応から触媒反応へ

　触媒とは何だろうか．量論反応と触媒反応について述べる前に今一度考えてみよう．アルケンのアルカンへの水素化反応は，発熱反応であるが高温でも起こらない．たとえば，エチレンと水素を気相で200 ℃に長時間加熱しても何の変化も起こらない．ところが，2章のH_2の酸化的付加のところで述べたように，ここに金属触媒を加えると，H—Hの結合が容易に切断され水素化は室温でただちに進行する．触媒とはこのように反応を促進する物質である．すなわち，平衡に達する速度を増大させる．触媒が存在しないときの反応の活性化エネルギー(E_a)よりも，より低い活性化エネルギー(E_a')をもつ新しい経路をつくりだし，この

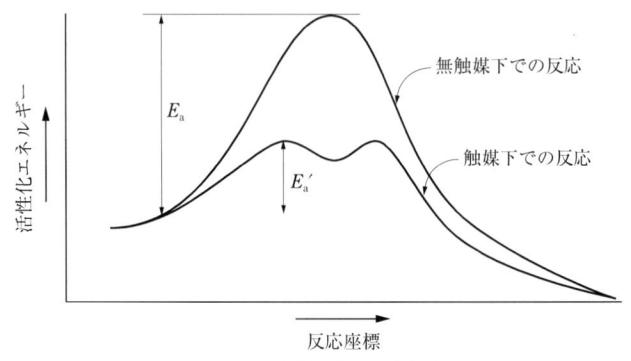

図 8・2 触媒反応の反応経路

経路に沿って反応を起こさせる(図8・2).

したがって触媒が存在すると，多くの反応が低い温度で，かつより穏やかな条件下で進行する．自然界では，酵素がこの役目を果たしている．現在では人工の金属錯体触媒が工業プロセスならびに精密有機合成の分野で大きな役割を演じている．たとえば，不斉アミノ酸合成において酵素を用いた方法は非常に有効であるが，もちろん一方の鏡像体しか得ることができない．これに対して人工の金属触媒では金属の配位子として両エナンチオマーが容易に入手可能であり，(R)，(S)いずれのアミノ酸をもつくりだすことができる．このような利点から現在では自然をこえるような人工触媒が数多く開発され報告されている．

先に述べたように，典型金属化合物とは異なり遷移金属化合物では還元的脱離という反応様式が可能なため，もとの形へ戻ることができる．すなわち触媒として作用することが可能である．触媒反応開発の定石は，まず遷移金属錯体を化学量論量用いた素反応について十分理解し，そのうえで，いくつかの素反応を組み合わせて触媒反応に移行するというものである．これに対して，遷移金属化合物が高価なため初めから触媒反応を目指して研究を行うことも実際には多い．しかしながら，こうして新触媒反応を見つけることは非常に難しく，鋭い洞察力と運のよさが必要である．本節では遷移金属触媒を用いたいくつかの触媒反応開発の実例をあげながら話を進める．まずニッケルおよびパラジウムを用いた炭素-炭素結合反応を取りあげ，続いて触媒的酸化・還元反応について述べる．

8・2・1 触媒的炭素–炭素結合生成反応

a. 化学量論量の有機銅化合物を用いる炭素–炭素結合生成反応

ハロゲン化アルキルと有機金属化合物との反応を考えてみよう．ヨウ化メチルにヨウ化メチルマグネシウムを反応させてエタンが得られるかという問題である［式(8・10)］．

$$CH_3I + CH_3MgI \not\rightarrow CH_3-CH_3 + MgI_2 \qquad (8・10)$$

もちろん答は No である．もしこの反応が進行するのであれば，ヨウ化メチルマグネシウムというグリニャール反応剤は調製できないことになる．マグネシウム金属にヨウ化メチルをゆっくり滴下することによって，まずヨウ化メチルマグネシウムがフラスコ内で生成する．これが次に加えられるヨウ化メチルとただちに反応してエタンを与えるのであればグリニャール反応剤は得られない．実際臭化アリルから臭化アリルマグネシウムを調製することが難しいのは，この自己カップリングが起こり 1,5-ヘキサジエンが生成しやすいためである．これに対して，CH_3MgI の場合には市販されていることからも明らかなように，このものを手に取ることができる．この事実は CH_3MgI とヨウ化メチルは反応しないことを示している．

それではどうすればハロゲン化アルキルとのカップリング反応を起こすことができるだろうか．6・5節で述べたように有機銅アート錯体を用いればよい．種々の有機銅アート錯体は第一級および第二級のハロゲン化アルキル，ハロゲン化シクロプロピル，ハロゲン化アリル，ハロゲン化ベンジル，ハロゲン化ビニル，さらにはハロゲン化アリールと反応しカップリング生成物を与える．ハロゲン化アルキルとの反応では，ハロゲン化物のアルキル基の立体化学は反転する［式(8・11)］．またハロゲン化アルケニルとの反応では二重結合の立体化学は保持される［式(8・12)］．

$$\underset{Me}{\overset{Et}{\diagdown}}\!\!\!\!\diagup\!\!\!\!\underset{H}{\overset{Br}{\diagup}} + R_2CuLi \longrightarrow \underset{Me}{\overset{Et}{\diagdown}}\!\!\!\!\diagup\!\!\!\!\underset{R}{\overset{H}{\diagup}} \qquad (8・11)$$

$$\underset{Br}{\overset{Ph}{\diagdown\!\!\!\diagup\!\!\!\diagdown}} + Me_2CuLi \longrightarrow \underset{Me}{\overset{Ph}{\diagdown\!\!\!\diagup\!\!\!\diagdown}} \qquad (8・12)$$

第二級のハロゲン化アルキルに対する R_2CuLi の反応性は低い．この場合には $CuCN$ から調製した $R_2Cu(CN)Li_2$ を用いると収率よくカップリング体を得ることができる [式(8・13)]．

$$Ph\text{-CH}_2\text{CH}_2\text{-CHI-}(CH_2)_3CH_3 \xrightarrow{(\diagup)_2Cu(CN)Li_2} Ph\text{-CH}_2\text{CH}_2\text{-CH}(\text{CH}_2\text{CH=CH}_2)\text{-}(CH_2)_3CH_3 \quad (8・13)$$

立体化学が反転することから反応は S_N2 型で進行すると考えられるが，直接的な S_N2 型反応と酸化的付加・還元的脱離型の反応の二通りが提唱されている [式(8・14), (8・15)].

$$R\text{-Cu(I)}^- + R'\text{-X} \xrightarrow{S_N2 \text{型}} R\text{-}R' \quad (8・14)$$

$$R_2Cu(I)^- + R'\text{-X} \xrightarrow{\text{酸化的付加}} \left[\begin{array}{c} R \\ RCu^{III}R' \\ X \end{array}\right] \xrightarrow{\text{還元的脱離}} R\text{-}R' \quad (8・15)$$

b. ニッケル触媒を用いる炭素-炭素結合生成反応

ヨードベンゼンやブロモベンゼンに臭化メチルマグネシウムを作用させても，反応は起こらずメチルベンゼンを得ることはできない．また，1-ヨード-1-アルケンや 1-ブロモ-1-アルケンに対して，グリニャール反応剤を作用させても求核置換反応によるクロスカップリング体は得られない．反応が進行しない理由として，直線的な S_N2 型反応の遷移状態がとれないことや sp^2 炭素とハロゲン原子間の結合エネルギーが sp^3 炭素とハロゲン原子の結合エネルギーに比べて大きいことがあげられる．

$$\text{Ph-Br} + RMgX \longrightarrow \text{Ph-R} \quad (8・16)$$

触媒なし　　0%
Ni 触媒　　90～100%

ところが，このハロゲン化アリールやハロゲン化アルケニルとグリニャール反応剤の混合物に $NiCl_2(PPh_3)_2$ のような触媒を加えると，反応は瞬時に進行してクロスカップリング体が生成する [式(8・16)]．もっとも典型的な触媒反応の一

つであり，2章で述べた遷移金属化合物に特徴的な三つの素反応の組合せで触媒サイクルが成立している．すなわち，① 0価ニッケル錯体に対するハロゲン化アリールやハロゲン化アルケニルの酸化的付加[式(8・17)]，② グリニャール反応剤とハロゲン化ニッケルとの間での金属交換反応[式(8・18)]，③ ニッケル上からのアリール基やアルケニル基と，グリニャール反応剤に由来するアルキル基の還元的脱離[式(8・19)]の3段階である．

$$\text{Ph-Br} + \text{Ni(0)} \xrightarrow{\text{酸化的付加}} \text{Ph-Ni-Br} \qquad (8\cdot17)$$

$$\text{Ph-Ni-Br} + \text{RMgX} \xrightarrow{\text{金属交換}} \text{Ph-Ni-R} + \text{XMgBr} \qquad (8\cdot18)$$

$$\text{Ph-Ni-R} \xrightarrow{\text{還元的脱離}} \text{Ph-R} + \text{Ni(0)} \qquad (8\cdot19)$$

6・9節のパラジウム触媒を用いるクロスカップリング反応と同様の反応機構で進行するが，このニッケル触媒を用いる反応について，もう少し詳しく眺めてみよう．触媒として加えたニッケル錯体は，2価の錯体である．このままでは1段階めの酸化的付加反応が起こらない．まず反応活性種である真の触媒を系中でつくりだす必要がある．その経路は次の通りである．塩化ニッケルに2 mol のグリニャール反応剤が作用してジアルキルニッケル錯体が生成する[式(8・20)]．この反応は金属交換反応であり，マグネシウムの電気陰性度が 1.2 でニッケルのそれが 1.8 であることから容易に進行する．続いてニッケル金属から二つのアルキル基が還元的に脱離することによってニッケルは0価に還元される[式(8・21)]．この0価のニッケル錯体が真の触媒活性種である．

$$\text{NiCl}_2(\text{PPh}_3)_2 + 2\,\text{RMgX} \longrightarrow \text{R}_2\text{Ni}(\text{PPh}_3)_2 \qquad (8\cdot20)$$

$$\begin{array}{c}\text{R}\diagdown\quad\diagup\text{PPh}_3\\ \text{Ni}\\ \text{R}\diagup\quad\diagdown\text{PPh}_3\end{array} \longrightarrow \text{R-R} + \underset{\text{0価ニッケル錯体}}{\text{Ni}(\text{PPh}_3)_2} \qquad (8\cdot21)$$

この0価のニッケル錯体に，ブロモベンゼンが酸化的付加することによって触媒サイクルがスタートする．2価のニッケル錯体やパラジウム錯体 $\text{PdCl}_2(\text{PPh}_3)_2$

は，ルイス(Lewis)酸とみなすことができるのに対し，低原子価の遷移金属錯体である0価のニッケルやパラジウム錯体は，ルイス塩基とみなすことができる．したがって，ハロゲン化アリールに対する酸化的付加は金属錯体による求核置換反応型の遷移状態を経由すると考えられる．しかしながら，先に述べたように，sp^3炭素−ハロゲン結合に対するような直線的S_N2遷移状態はとり得ない．これに代わる式(8・22)に示す三中心型遷移状態がパラジウムの反応で提案されており，ニッケルの反応においても同様の遷移状態が考えられる．ハロゲン化物の反応性はI > Br > Clの順に減少する．

$$\underset{X}{C_6H_5} \xrightarrow{PdL_2} \underset{X^+PdL_2}{C_6H_5^-} \longrightarrow \underset{X}{C_6H_5-PdL_2} \tag{8・22}$$

次に臭化フェニルニッケルとグリニャール反応剤との間で金属交換反応が起こる［式(8・23)］．この金属交換反応の機構は明らかではないが，四中心型の遷移状態を経由して進むものと考えられている．

$$C_6H_5-Ni-Br \xrightarrow{RMgX} C_6H_5-Ni\underset{Br}{\overset{R}{\underset{|}{\diamond}}}MgX \xrightarrow{-MgBrX} C_6H_5-Ni-R \tag{8・23}$$

最後に，ニッケル上からフェニル基とアルキル基が脱離しアルキルベンゼンが生成する．同時に0価のニッケルが再生され触媒サイクルが完結する．なお，この還元的脱離はニッケルがブロモベンゼンとπ錯体を形成することによって促進される(2・3・2項参照)．これらのことを考慮してまとめると式(8・24)の触媒サイクルとなる．

8・2 量論反応から触媒反応へ　189

$$L_2NiCl_2 \xrightarrow{2\,RMgX} L_2NiR_2 \longrightarrow NiL_2$$
$$2\,MgClX \qquad\qquad R—R$$

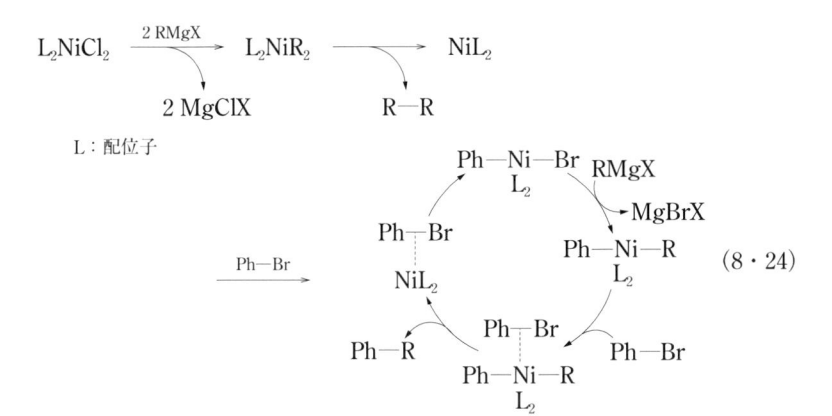

L：配位子

(8・24)

このクロスカップリング反応には，アルキルリチウムやハロゲン化アルキルマグネシウムなどのアルキル金属化合物だけでなく，アルケニルやアルキニル金属化合物も用いることができる．さらに金属として Li, Mg だけでなく B, Al, Zn, Si, Sn, Zr, Cu など実にさまざまな有機金属化合物を金属交換反応剤として用いることができる．したがって非常に広い範囲の炭素-炭素結合生成反応に利用でき，有機合成上重要な反応の一つとなっている．たとえばハロゲン化アルケニルとアルケニル金属との反応では $(E, E)(E, Z)(Z, E)(Z, Z)$ のジエンをそれぞれ選択的につくりだすことができる．酸化的付加，還元的脱離がアルケンの立体化学を保持したまま進行するため，全体として反応は立体特異的である．

この触媒反応は京都大学の熊田，玉尾らの開発したものであるが，そのもととなったのは，この反応の開発直前に山本明夫らによって報告された式 (8・25) の素反応である．すなわちジエチルニッケル錯体をブロモベンゼンと反応させると，ブタンの生成とともにフェニルニッケルブロミド錯体が得られるという反応である．

$$L_2Ni\begin{matrix}Et\\Et\end{matrix} + Ph—Br \longrightarrow L_2Ni\begin{matrix}Ph\\Br\end{matrix} + Et—Et \quad (8・25)$$

L_2：

この反応をヒントに，臭化フェニルニッケルとアルキルマグネシウム化合物の反応が検討された．金属交換反応によってフェニル基とアルキル基をもつ錯体が

生成し，その後還元的脱離，酸化的付加が進行すればフェニル基とアルキル基のクロスカップリングが触媒的に起こると予想し，実行されたものである．化学量論反応を軸とし別の素反応と組み合わせることによりきわめて有用な新触媒反応の開発に成功した例である．なお，この触媒反応は熊田–玉尾–コリュー(Corriu)反応とよばれている(6・9・1項参照)．熊田，玉尾らのグループとフランスのCorriuのグループがほとんど同時に発表したためである．いずれのグループも山本らの報告からヒントを得て研究を始め，たまたま同じ時期にその研究成果を発表したということである．

c. ヘック反応による炭素–炭素結合生成反応

ハロゲン化アリールあるいはハロゲン化アルケニルと遷移金属触媒を用いるもう一つの炭素–炭素結合生成反応がある．触媒量のパラジウム錯体ならびにトリエチルアミンのような塩基共存下に，ハロゲン化アリールあるいはハロゲン化アルケニルとアルケンをカップリングさせる反応で，5・10節で取りあげたヘック(Heck)反応である．この反応も遷移金属錯体の関与する化学量論反応を触媒反応へ展開した例である．もとになった素反応はスチレンにフェニルパラジウム錯体を作用させるとスチレンのフェニル化が起こりスチルベンが得られる反応である[式(8・26)]．

$$\text{Ph—Pd—Br} + \begin{array}{c}\text{Ph}\quad\text{H}\\ \diagup\!\!\!=\!\!\!\diagdown\\ \text{H}\quad\text{H}\end{array} \longrightarrow \begin{array}{c}\text{Ph}\quad\text{H}\\ \diagup\!\!\!=\!\!\!\diagdown\\ \text{H}\quad\text{Ph}\end{array} + \text{Pd(0)} + \text{HBr} \qquad(8・26)$$

Heckらは，この反応にヒントを得て，有機塩基を用いてこの反応で副生するHXを除去し，生成する0価パラジウム錯体にハロゲン化アリールを酸化的付加させれば触媒反応となることに気付いたのである．先に述べたニッケル触媒を用いるクロスカップリング反応と同様に，三つの素反応からなる．すなわち，① パラジウム錯体に対するハロゲン化アリールやハロゲン化アルケニルの酸化的付加[式(8・27)]，② アリールパラジウム化合物のアルケンへの付加すなわちカルボパラデーション反応，ならびに③ β水素脱離の3段階である[式(8・28)]．

$$\text{Ph—Br} + \text{Pd(0)} \longrightarrow \text{Ph—Pd—Br} \qquad(8・27)$$

$$\text{Ph—Pd—Br} + \begin{array}{c}\text{Ph} \quad \text{H}\\ \diagup\!\!\!=\!\!\!\diagdown \\ \text{H} \quad \text{Me}\end{array} \longrightarrow \begin{array}{c}\text{Ph} \quad \text{H}\\ \text{H}\!-\!\!-\!\!\text{Me}\\ \text{Ph} \quad \text{Pd—Br}\end{array} + \begin{array}{c}\text{Ph} \quad \text{H}\\ \text{H}\!-\!\!-\!\!\text{Me}\\ \text{Br—Pd} \quad \text{Ph}\end{array}$$

$$\xrightarrow{-\text{HPdBr}} \begin{array}{c}\text{Ph} \quad \text{Me}\\ \diagup\!\!\!=\!\!\!\diagdown\\ \text{Ph} \quad \text{H}\end{array} + \begin{array}{c}\text{Ph} \quad \text{Me}\\ \diagup\!\!\!=\!\!\!\diagdown\\ \text{H} \quad \text{Ph}\end{array} \qquad (8・28)$$

1段階めの反応は，ニッケルを用いるC—C結合形成反応の場合とまったく同じで，0価のパラジウム錯体に対するブロモベンゼンの酸化的付加である．次の段階は，この臭化フェニルパラジウムがアルケンに対して付加する反応，すなわちカルボパラデーション反応である．見方を変えると炭素-パラジウム結合へのアルケンの挿入反応と捉えることもできる．ヒドロホウ素化やヒドロパラデーションなどと同様に，立体選択的にシン付加で進行する．非対称アルケンを用いた式(8・28)の場合には，二つの位置異性体の混合物が生成する．一方の付加体では，1-フェニル-1-プロペンのフェニル基をもつアルケン炭素にフェニルパラジウム錯体のフェニル基が結合し，メチル基をもつアルケン炭素にパラジウムが付加している．もう一方の付加体は，これとは逆の付加をした位置異性体である．最後にパラジウムに対してβ位の水素がパラジウムと脱離することによって，1,1-ジフェニル-1-プロペンと1,2-ジフェニル-1-プロペンが混合物として得られる．臭化パラジウムヒドリド(HPdBr)は0価のパラジウムとHBrに分解する．HBrは反応系中に共存するトリエチルアミンのような第三級アミンによってアンモニウム塩となる．アルケン分子から反応全体をみると，アルケンの水素一つがフェニル基で置換されたことになる．この反応を利用した連続的炭素-炭素結合生成反応については5・10節を参照されたい．

d. π-アリルパラジウムを経由する炭素-炭素結合生成反応

3・3・2項で得たπ-アリルパラジウムはカルボアニオンと反応してアリル化体を与える[式(8・29)]．この際，攻撃するカルボアニオンの種類によって生成物の立体化学が異なる．たとえば，マロン酸ジエチルのアニオンのような軟らかいアニオンの場合には，π-アリルパラジウムのパラジウムとは反対の側から攻撃が起こる．メトキシカルボニル置換基をもったトランスの酢酸シクロヘキセニルを出発原料として反応の立体化学を考える．まず，π-アリルパラジウムの生成過程はS_N2あるいはS_N2'型で進み，0価のパラジウムが酢酸アリル部位を裏側

から攻撃する．したがって，この段階で立体化学は反転する．さらにマロン酸ジエチルから導いたアニオンの求核攻撃も反転を伴うので，全体として立体保持でマロン酸ジエチルのアニオンが導入されたことになる．これに対して，PhLi のような硬いアニオンを用いた場合には，金属交換反応によってまずフェニル基がパラジウム上に導入され，つづいて還元的脱離によってアリル基とフェニル基とが結合する．したがって，アリル化の段階はパラジウムと同じ側から起こることになり立体保持である．出発原料から π–アリルパラジウムの生成とこれにつづくフェニルリチウムの攻撃の 2 段階を通してみると，立体反転でフェニル化が進行したことになる．

$$(8 \cdot 29)$$

式(8・29)で述べた反応は化学量論反応であるが，これらの反応は，酢酸アリルに対する 0 価のパラジウム錯体の酸化的付加を組み合わせて触媒反応とすることができる．すなわち，パラジウム触媒共存下，酢酸アリルにマロン酸ジエチルのナトリウム塩を作用させると，アリルマロン酸ジエチルが生成する．パラジウム触媒なしでは反応は進行しない [式(8・30)]．

$$(8 \cdot 30)$$

酢酸アリルから得られるπ-アリルパラジウムでは，アリル基の両端のCH_2基は等価であり，マロン酸ジエチルのアニオンがどちらの炭素を攻撃しても同じ生成物を与える．これに対し，酢酸クロチルなどから得られるπ-アリル型パラジウム(**A**)の場合には，アリル基の両端が等価ではない．一方はCH_2で，他方はCH_3CHである．したがって，アニオンの攻撃する位置によって二つの異性体が生成する．一般的には立体的に混みあっていないCH_2を攻撃した生成物が主生成物となる[式(8・31)]．

$$\underset{\text{主生成物}}{\diagdown\diagup\diagdown CH(COOEt)_2} \longleftarrow \underset{\underset{\text{A}}{\overset{\mid}{OAc}}}{\underset{\mid}{Pd}} \longrightarrow \diagdown\diagup\diagup CH(COOEt)_2 \qquad (8\cdot31)$$

e. **パラジウム触媒を用いるビニルシクロプロパンのシクロペンテンへの転位反応**
　素反応に対する情報が十分にあり反応機構の理解が進むと，化学量論反応の実験なしに，いきなり触媒反応を組み立てることが可能となる．そのような例としてビニルシクロプロパンのシクロペンテンへの転位反応について紹介する[式(8・32)]．d 項で述べたように，マロン酸ジエチルから活性プロトンを引き抜いて生じるカルボアニオンは，π-アリルパラジウムを容易に攻撃してアリル化体を生成する．また同一分子内にπ-アリルパラジウムと安定なカルボアニオンをつくりだせば環化体が得られることもよく知られている．これらの情報をもとにすると，ビニルシクロプロパン(**B**)に，ルイス塩基である 0 価のパラジウムを作用させればアルケン炭素への求核攻撃によって，系内にπ-アリルパラジウムと安定なカルボアニオンが同時に生成すると考えられる[式(8・33)]．そしてこのものが分子内アリル化によってシクロペンテン環を与えるという触媒サイクルを描くことができる．実際には，ビニルシクロプロパンではうまくいかないが，ジエニルシクロプロパンを基質として用い，0 価のパラジウム触媒を作用させると室温で容易にビニルシクロペンテンに転位する[式(8・34)]．なお触媒なしでビニルシクロプロパン-シクロペンテン転位を起こさせるには一般に 300～500 ℃の温度が必要である．

$$\text{ビニルシクロプロパン-シクロペンテン転位} \quad (8\cdot32)$$

$$\underset{\textbf{B}}{\text{vinyl-cyclopropane-(COOEt)}_2} \xrightarrow{\text{Pd(0)}} \text{Pd}^{\oplus}\cdots\text{C(COOEt)}_2^{\ominus} \quad (8\cdot33)$$

$$\text{dienyl-cyclopropane-(COOEt)}_2 \xrightarrow{\text{Pd(0)}} \text{vinyl-cyclopentene-(COOEt)}_2 \quad (8\cdot34)$$

8・2・2 触媒的酸化還元反応

a. 遷移金属塩を用いるアルコール類の酸化

高原子価金属の酸化力を利用する方法である．酢酸パラジウム $Pd(OAc)_2$ や塩化ルテニウムの錯体 $(RuCl_2(PPh_3)_3)$ を用いた例について述べる[式(8・35), (8・36)]．無水有機溶媒中でアルコール類とこれらの金属化合物を反応させると，まず金属のアルコキシドが生成する．次の2段階めの反応は，7・1・3項で述べたクロム(VI)酸による酸化とは少し異なる．クロム酸による酸化では，アルコールのα位の水素が水分子によって引き抜かれると同時にクロムが6価から4価に還元される．これに対して，パラジウムやルテニウムアルコキシドではβ水素脱離が起こり，アルデヒドやケトンなどのカルボニル化合物が生成する．一方，金属のほうは酢酸や塩酸を放出して0価のパラジウムやルテニウムとなる．

$$R_2CHOH + Pd(OAc)_2 \longrightarrow \underset{H\ Pd-OAc}{R_2C-O} \xrightarrow{\beta\text{水素脱離}} R_2C=O + HPdOAc \quad (8\cdot35)$$

$$RCH_2OH + RuCl_2(PPh_3)_3 \longrightarrow \underset{H\ RuCl(PPh_3)_3}{\overset{H}{RC-O}} \xrightarrow{\beta\text{水素脱離}} RCHO + HRuCl(PPh_3)_3 \quad (8\cdot36)$$

式(8・35), (8・36)の反応では，パラジウムやルテニウムのような高価な金属

が化学量論量必要であり，有機合成的には使えない．そこで，有機酸化剤を組み合わせ触媒反応にすることが試みられている．たとえば，ブロモベンゼンを酸化剤としてパラジウム触媒共存下にアルコールを酸化する方法が報告されている．反応系中で生成する0価のパラジウムに，ブロモベンゼンが酸化的付加することによって，0価パラジウムが2価パラジウムに酸化され触媒サイクルが形成されるというものである[式(8・37)～(8・40)]．ブロモベンゼンは還元されてベンゼンとなる．ルテニウムの場合には第三級ブチルヒドロペルオキシドや臭素酸ナトリウムなどの酸化剤と組み合わせて用いる．

$$Pd(0) + Ph\text{-}Br \longrightarrow Ph\text{-}Pd\text{-}Br \tag{8・37}$$

$$Ph\text{-}Pd\text{-}Br + R_2CHOH \longrightarrow Ph\text{-}Pd\text{-}OCHR_2 \tag{8・38}$$

$$Ph\text{-}Pd\text{-}O\text{-}CHR_2 \xrightarrow{\beta\text{水素脱離}} Ph\text{-}Pd\text{-}H + O=CR_2 \tag{8・39}$$

$$Ph\text{-}Pd\text{-}H \longrightarrow Ph\text{-}H + Pd(0) \tag{8・40}$$

b. OsO_4 触媒によるアルケンの vic-ジオールへの変換反応

アルケンに化学量論量の四酸化オスミウムを作用させると，オスマートが生成する．この反応においてアルケンは酸化され，オスミウムは8価から6価へ還元されている．オスマートを加水分解することによって vic-ジオールが得られる．シクロヘキセンからはシスのジオールが生成する．この量論反応は，アルケンをジオールに変換する方法のなかでもっとも信頼できる方法であるが，四酸化オスミウムの毒性が問題となる．そこで，適当な酸化剤あるいは電解酸化を用いて還元されたオスミウムを再酸化する手法を用い触媒反応とする試みがなされている．たとえば N-メチルモルホリン N-オキシドや第三級ブチルヒドロペルオキシドあるいは $K_3Fe(CN)_6$ 共存下で反応するとアルケンを収率よく cis-ジヒドロキシ体に変換することができる[式(8・41)]．さらに，光学活性アミン配位子をもったオスミウム錯体を用いると触媒的不斉ジヒドロキシ化が行えることも報告されている．

$$\text{(8・41)}$$

c. α-アミド α,β-不飽和カルボン酸の不斉還元—不斉アミノ酸合成

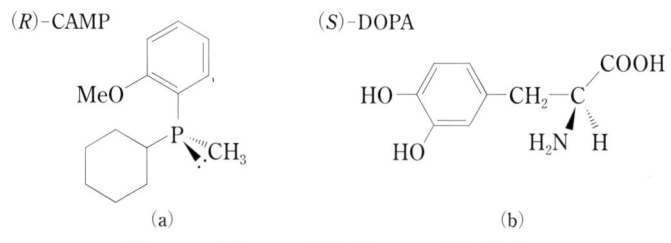

7・2・1項で述べたように,炭素-炭素多重結合は金属触媒の存在下に水素によって容易に還元される.ここでは不斉還元について簡単に触れる.工業的な立場から,α-アシルアミノケイ皮酸誘導体(**C**)の不斉還元が活発に研究されている[式(8・42)].光学活性配位子として,(R)-CAMP(図8・3(a))をもつ均一系ロジウム錯体を用いて水素化反応を行うと,94%ee(光学純度)で(S)-DOPA(図8・3(b))前駆体(**D**)が得られる.(S)-DOPAはパーキンソン病の薬であり,この人工配位子を用いる大量合成によって数多くの患者の役に立っている.不斉水素化に用いられる配位子はCAMP以外にも数多く開発されている.そして,これら配位子は両エナンチオマーが入手可能である.たとえば,CAMPでは(R)体だけでなく(S)体も同様に手に入れることができる.(S)体を用いて水素化を行うと(R)-DOPAを得ることができる.すなわち両鏡像体が容易に得られる点が人工不斉合成の大きな利点である.

図8・3 (R)-CAMP(a)と(S)-DOPA(b)の構造

$$\underset{\text{C}}{\underset{\text{MeO}}{\text{HO}}\text{-}\!\!\bigcirc\!\!\text{-CH=C}\!\!\begin{array}{c}\text{COOH}\\ \text{NHCOR}\end{array}} \xrightarrow[\text{Rh}^*]{\text{H}_2} \underset{\text{D}}{\underset{\text{MeO}}{\text{HO}}\text{-}\!\!\bigcirc\!\!\text{-CH}_2\text{-}\!\!^*\text{CH}\!\!\begin{array}{c}\text{COOH}\\ \text{NHCOR}\end{array}}$$

(8・42)

8・2・3 遷移金属錯体触媒を用いる重要な工業プロセス

1950年以前の工業触媒は，固体触媒が主であったが，チーグラー触媒とフェロセンの発見以降，均一系の遷移金属錯体が触媒として広く使用されるようになった．NMR，赤外，紫外，X線結晶構造解析法などの物理化学的手段を利用して，その構造に関する情報も得やすく，また均一系であるため速度論的研究にも有利であった．さらに金属の種類と配位子を選ぶことによって反応の選択性を制御することができるという大きな利点をもっており，現在では工業プロセスを支える重要な遷移金属錯体が多数合成され利用されている．ここではそのいくつかについて紹介する．

a. アルケンのヒドロホルミル化(オキソ法)

アルデヒドの合成法として工業的に重要な方法である．アルケンの二つの炭素に水素(ヒドリド)とホルミル基が，それぞれ結合するためにヒドロホルミル化とよぶ．遷移金属錯体触媒共存下に，プロピレンに一酸化炭素と水素を作用させブチルアルデヒドを得る反応[式(8・43)]を例にとって説明する．

$$CH_3CH=CH_2 + CO + H_2 \xrightarrow{Co_2(CO)_8} CH_3CH_2CH_2CHO \quad (8・43)$$

触媒として用いられるコバルトカルボニル $Co_2(CO)_8$ はまず水素と反応して $HCo(CO)_4$ となる．この錯体は配位飽和であり，1分子のCOを解離して配位不飽和錯体(**A**)となった後に，プロピレンを取り込む[式(8・44)]．このプロピレンのπ錯体(**B**)において，アルケンが水素-コバルト結合の間に挿入し，アルキルコバルト化合物(**C**)を与える．この挿入反応はアルケン結合に対するヒドロメタル化反応ともみることができる．すなわち水素が内部アルケン炭素に，そしてコバルトが末端炭素に付加したと考えることもできる．この際，水素とコバルトの付加の位置選択性が逆になれば枝分かれのあるイソプロピルコバルト錯体(**D**)を与える．**C**は配位不飽和で1分子のCOを取り込み**E**となる．次にプロピ

基とコバルトの間に CO が挿入してアシルコバルト(**F**)となる．さらに，この **F** に水素が酸化的付加し **G** となり，最後にアシル基とヒドリドがコバルトから還元的脱離することによって，ブチルアルデヒドが生成すると同時にヒドリドコバルト錯体(**A**)が再生され触媒サイクルが完成する[式(8・44)]．

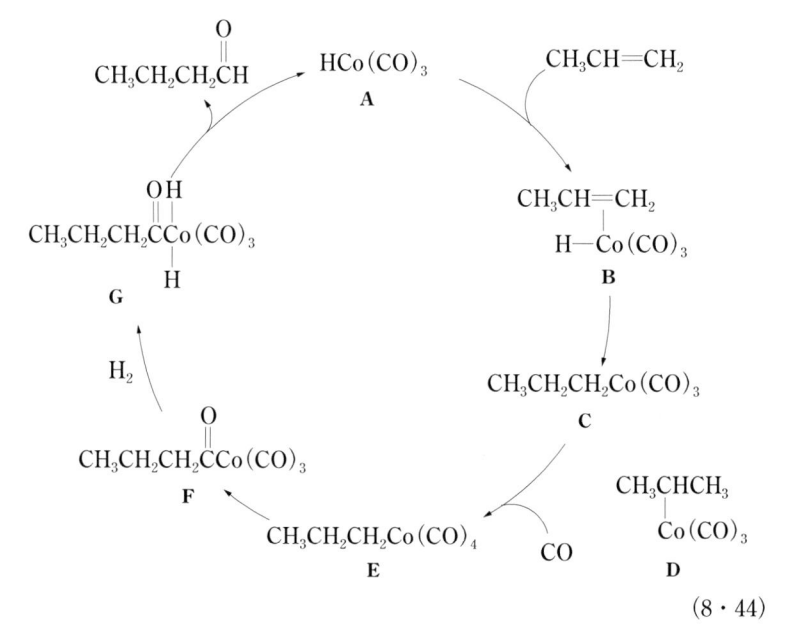

$$\begin{array}{c}
\text{CH}_3\text{CH}_2\text{CH}_2\text{CHO} \leftarrow \text{HCo(CO)}_3 \quad \text{A} \quad \leftarrow \text{CH}_3\text{CH}=\text{CH}_2 \\
\\
\text{CH}_3\text{CH}_2\text{CH}_2\overset{\text{OH}}{\underset{\text{H}}{\text{C}}}\text{Co(CO)}_3 \quad \text{G} \\
\\
\uparrow \text{H}_2 \\
\\
\text{CH}_3\text{CH}_2\text{CH}_2\overset{\text{O}}{\text{C}}\text{Co(CO)}_3 \quad \text{F} \\
\\
\text{CH}_3\text{CH}_2\text{CH}_2\text{Co(CO)}_4 \quad \text{E} \\
\\
\text{CH}_3\text{CH}=\text{CH}_2 \\
\text{H}-\text{Co(CO)}_3 \quad \text{B} \\
\\
\text{CH}_3\text{CH}_2\text{CH}_2\text{Co(CO)}_3 \quad \text{C} \\
\\
\text{CH}_3\text{CHCH}_3 \\
\text{Co(CO)}_3 \quad \text{D}
\end{array}$$

(8・44)

なおこのヒドロホルミル化反応は 1938 年に見出された．それ以来，触媒としてはここに示したコバルトカルボニルが使用されてきたが，最近はロジウム触媒を使用する例が多い．直鎖アルデヒドであるブチルアルデヒドは，アルドール縮合によって 2-エチル-2-ヘキセナールに導いた後，水素化，還元によって 2-エチル-1-ヘキサノールに変換される[式(8・45)]．フタル酸と縮合してフタル酸ジオクチル(DOP)と称するエステルに導かれる[式(8・46)]．この DOP は可塑剤として大量に使用されている．したがって，**D** を経由して生成する分枝のある 2-メチルプロパナールの副生をできるだけ少なくおさえる触媒が求められている．この直鎖アルデヒドの分枝アルデヒドに対する生成比率がコバルトよりも優れているために，ロジウム触媒が現在では主流となっている．

$$n\text{-}C_3H_7CHO \xrightarrow{\text{アルドール縮合}} \underset{EtCCHO}{n\text{-}C_3H_7-CH} \xrightarrow[\text{2) 還元}]{\text{1) 水素化}} \underset{EtCHCH_2OH}{n\text{-}C_3H_7CH_2} \quad (8\cdot 45)$$

$$\underset{O}{\underset{\|}{\overset{O}{\overset{\|}{C}}}}\text{(フタル酸)(OH)}_2 + 2\ \underset{EtCHCH_2OH}{n\text{-}C_3H_7CH_2} \longrightarrow \text{DOP} \quad (8\cdot 46)$$

なお可塑剤とは，高分子物質に添加して加工温度を低下させ成形を容易にし，かつ弾性率や転移温度を低下させ使用時の柔軟性や対衝撃性を与える物質をいう．ポリ塩化ビニルの製品には重量パーセントで35〜60%のDOPが可塑剤として含まれている．

b. モンサント法（1・5・3，1・6・2項参照）による酢酸合成

酢酸は工業的にもっとも重要な有機化合物の一つである．1980年以前には，その62%がアセトアルデヒドの酸化によって製造されていた．もちろん，このアセトアルデヒドはヘキスト–ワッカー（Höchst–Wacker）法によって製造されたものである．ところが，Monsanto社によってメタノールのカルボニル化法が開発され[式(8・47)]，1989年にはアセトアルデヒドの酸化による酢酸合成の割合は31%まで低下し，メタノールのカルボニル化による酢酸合成が52%を占めるに至った．現在では，この割合がより増加している．

$$CH_3OH + CO \xrightarrow{[Rh(CO)_2I_2]^-} CH_3COOH \quad (8\cdot 47)$$

モンサント（Monsanto）法は，メタノールと一酸化炭素から直接酢酸を合成する方法である．ロジウム錯体$[Rh(CO)_2I_2]^-$を触媒として用いる．なおメタノールは，合成ガス（COと$2H_2$）から工業的に安価に製造されている．触媒サイクルを式(8・48)に示す．最初に加えるロジウム触媒はどんな形のものでもよい．系中に存在するヨウ素イオンと一酸化炭素の作用によって生成する$[Rh(CO)_2I_2]^-$が触媒活性種である．① ロジウム錯体に対するヨウ化メチルの酸化的付加，② COの挿入，③ 還元的脱離，という機構でヨウ化メチルがヨウ化アセチルに変換される．この間，ロジウムは+1と+3の酸化段階を往復する．もっとも重要

なのは CO の挿入反応であり，この反応によって新しい炭素-炭素結合の生成が起こる．有機金属化学の関係するのはこのサイクルだけだが，この部分だけでは工業として成立しない．純粋な有機化学である第二のサイクルが重要である．このサイクルでは安価なメタノールをヨウ化水素酸でヨウ化メチルに変換する．そしてこのヨウ化水素酸はヨウ化アセチルの加水分解で酢酸を得るときに回収される．二つのサイクルを全体としてみると，メタノールと一酸化炭素を供給することによって酢酸が得られるということになる．廃棄するものはなく，経済的にも環境の面からも非常に効率のよいプロセスである．有機工業化学の手本というべき反応である．

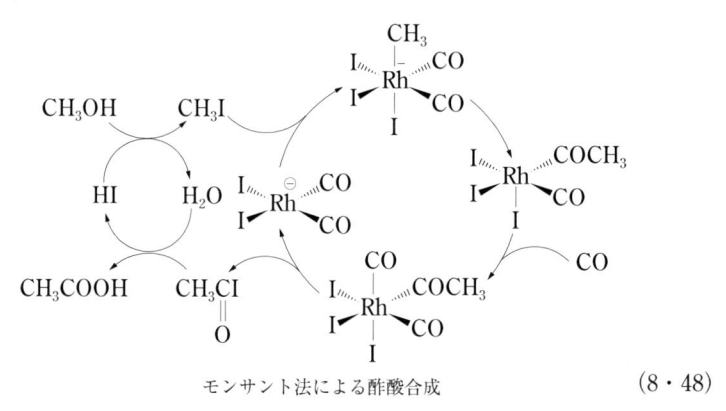

モンサント法による酢酸合成　　　　　　　　(8・48)

c. アセチレンならびにジエンの低重合

チーグラー触媒によるエチレンの重合，ナッタ(Natta)触媒によるプロピレンの重合が，石油化学工業における技術革新の幕開けと同時に有機金属化学の黄金期の始まりであることは何度となく述べてきた．これらの重合反応については1章で述べたので，ここではアセチレンの三量化によるベンゼン誘導体合成とブタジエンの低重合について述べる．

アセチレンは $Ni(CO)_2(PPh_3)_2$ をはじめ種々の遷移金属錯体触媒存在下に三量化し，ベンゼンを生成する[式(8・49)]．アセチレンが段階的に反応していく式(8・50)のような機構が考えられている．まず最初に低原子価のニッケルやコバルト，ロジウムなどの錯体にアセチレンが配位し，π錯体を形成する．次に2分子めのアセチレンが配位した後，酸化的[2+2+2]環化反応によってメタラシク

ロペンタジエンとなる．ここに，さらにもう1分子のアセチレンが配位し挿入する．最後に還元的脱離によってベンゼン誘導体が得られる．

$$3\,HC\equiv CH \xrightarrow{Ni(CO)_2(PPh_3)_2} \quad (8 \cdot 49)$$

$$CpCo(PPh_3)_2 \xrightarrow{RC\equiv CR} \cdots \xrightarrow{RC\equiv CR} \cdots \longrightarrow \text{(hexasubstituted benzene)} \quad (8 \cdot 50)$$

ステロイド類の有機合成への応用例を式(8・51)に示す．ビストリメチルシリルアセチレンというかさ高い置換基をもつアセチレンを用いるのは，このアセチレン2分子からメタラシクロペンタジエンが生成するのを抑え，選択的にジインからメタラシクロペンタジエン錯体を得るためである．実際ビストリメチルシリルアセチレンだけから三量化したベンゼン誘導体(ヘキサトリメチルシリルベンゼン)は生成しない．

$$\text{(8·51)}$$

ニトリル(C≡N)結合を含む環化反応を起こすことも可能である．アセチレンとニトリルの環化共低重合ではピリジン誘導体が得られる[式(8·52)]．

$$2\,\text{HC}\equiv\text{CH} + \text{CH}_3\text{CN} \longrightarrow \quad\text{(8·52)}$$

チーグラー型触媒でイソプレンを重合させると，立体規則性のよい cis-1,4-ポリイソプレンが得られる．このものは天然ゴムの原料と同じ基本骨格をもっている．一方，trans-1,4-ポリイソプレンはチューインガムの素材であるチクルスと同じ基本骨格をしている．ブタジエンの二量化は種々の錯体触媒によって起こるが，用いる触媒によって生成する化合物をコントロールすることができる．シクロオクタジエン，ジビニルシクロブタン，オクタトリエン，2-メチレンビニルシクロペンタン，4-ビニル-1-シクロヘキセンなどの二量化体が種々の遷移金属と適当な配位子を組み合わせることでつくり分けられている（図8·4）．その反応機構は複雑で，本書の範囲を越えるのでここでは省略する．

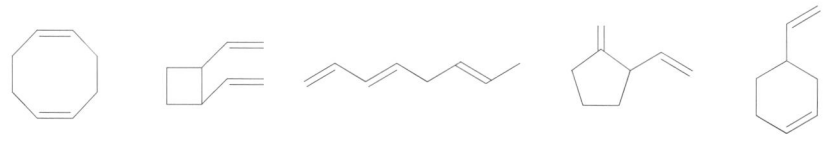

図 8・4　ブタジエンの二量化体

索引

A～Z

back donation　*41*
Barbier 反応　*7, 56, 114*
9-BBN　*63*
Beckmann 転位　*142*
Brown, H. C.　*62*
Ceresan 石灰　*8*
Dewar–Chatt–Duncanson モデル　*4, 47*
DOP　*198*
d 軌道　*27*
E_a　*183*
EAN 則　*29*
Et_3B　*69*
Fischer 型カルベン錯体　*20, 40, 84*
Grignard 反応剤　*5, 6, 89, 181*
Heck 反応　*190*
HMPT　*51*
Hoechst–Wacker 法　*14, 156, 158*
Jones 反応剤　*165*
Kaminsky 触媒　*14*
Kharasch 反応　*36*
Knochel 亜鉛　*60*
Kumada–Tamao–Corriu 反応　*190*
LDA　*53*
Lewis 酸　*63, 158*
Lewis 酸触媒　*106*
Lewis 酸性　*89*
Lindlar 触媒　*170, 173*
LUMO　*175*

Markovnikov 則　*172*
Meerwein–Ponndorf 還元　*167*
metallocene　*10*
Michael 付加反応　*106*
Monsanto 法　*16, 199*
PCC　*167*
PDC　*167*
PET 樹脂　*161*
Pt(Ⅱ)-アルケン錯体　*83*
Reformatsky 反応　*94*
Reformatsky 反応剤　*53, 62*
Rieke 亜鉛　*60*
Schlenk 平衡　*6, 55, 89*
Schrock 型カルベン錯体　*20, 40, 84, 112*
Simmons–Smith 反応　*94, 125*
Simmons–Smith 反応剤　*59, 181*
Tebbe 錯体　*20, 84, 111*
TMEDA　*51*
Ullmann 反応　*140*
Vaska 錯体　*17*
Wacker 法　*14, 156, 158*
Wilkinson 触媒　*19, 168*
Wittig 反応　*20*
Wittig 反応剤　*86*
Wurtz 型のカップリング反応　*55*
Zeise 塩　*4, 15, 48, 180*
Ziegler 触媒　*12, 36, 130, 182*
Ziegler–Natta 触媒　*13*

あ 行

亜鉛カルベノイド　40
アクリロニトリル　161
アクロレイン　161
アシルアニオン等価体　92, 136
アセチレンの三量化　200
アセトアルデヒド製造　14, 16
アゾビスイソブチロニトリル　69
アート錯体　58
　アルミニウムの――　101
　高次シアノ――　73
　対称型銅――　72
　銅――　107
　非対称銅――　73, 109
　ヘテロ銅――　109
　ホウ素――　100
　マグネシウムの――　58
　有機銅――　185
アニオンラジカル　172, 173
アリルアルコール　101, 115, 165, 177
　――のエポキシ化　161
アリルクロム反応剤　115
π-アリル錯体　50
アリルシラン　103
アリルスズ化合物　106
π-アリルニッケル(II)錯体　78
アリールニッケル錯体　78
π-アリルパラジウム　152, 191
アリールパラジウム錯体　81
π-アリルパラジウム錯体　81
アルキリデン化　112
C-アルキル化　150
O-アルキル化　150
アルキル金属化合物　179
アルキル水銀化合物　73

アルキル遷移金属錯体　179
アルキル典型金属化合物　179
アルキルニッケル錯体　79
アルキルパラジウム錯体　82
アルケニルクロム種　115
アルケン
　――のエポキシ化　161
　――の酸化　156
　――の水素化反応　19
　――の水和反応　74
　――の不斉エポキシ化　163
　cis- ――　170
アルケンメタセシス　41
アルドール縮合　198
アルドール反応　93
アンチ体　106
アンチノック剤　8
アンチ-マルコウニコフ付加　66

イオン性(結合の)　87, 98

ヴァスカ錯体　17
ウィッティヒ反応　20
ウィッティヒ反応剤　86
ウィリアムソン-エーテル合成　135
ウィルキンソン触媒　19, 168
ウルツ型のカップリング反応　55
ウルマン反応　140
エクアトリアル位　114
エチル亜鉛化合物　5
エチレングリコール　161
エナンチオマー　184
エネルギー障壁　180, 181
エノラート　149
エポキシド　102
エンジイン　149
エン反応　165

オキシ水銀化-脱水銀化反応　74

索　引　205

オスマート　195
オッペナウアー酸化　167
オルトリチオ化　53

か 行

解　離　39
化学量論反応　190, 192
加水分解　91, 134
可塑剤　198, 199
香月-シャープレス不斉エポキシ化反応
　　96, 162
活性化エネルギー　183
活性メチレン化合物　151
カップリンクグ反応(ウルツ型の)　55
カミンスキー触媒　14
カラーシ反応　36
カルベン　40
カルベン錯体　84
カルボパラデーション反応　191
カルボメタル化　36, 117
[2+2]環化　41
環化異性化反応　132
1,4 還元　177
還元的脱離　17, 18, 32, 108, 145,
　　169, 180, 182, 187
官能基選択性　109
官能基変換　155

貴金属　159
逆供与　33, 40, 180
　　電子の──　4
求核剤　135
求核置換反応　186
協奏機構　89
共鳴安定化　102
(σ*-p)π 共役　102
(σ-p)π 共役　102
共役付加反応　71, 117

供与電子数　30
キラル反応剤　95
キラル分子　42
キレート効果　110
均一系触媒　168
金属アセチリド　173
N-金属エナミド　153
金属エノラート　53, 93
金属エン反応　119
金属カルビン錯体　21
金属カルベン錯体　19
金属交換　145
金属交換反応　36, 54, 59, 61, 64,
　　67, 72, 134, 182, 187, 188
金属交換法　45

熊田-玉尾-コリュー反応　190
グリニャール反応剤　5, 6, 89, 181
クロスカップリング反応　145, 187
m-クロロ過安息香酸　161

形式酸化数　29, 30
結合解離エネルギー　32, 179, 186
結合のイオン性　87, 98
原子価電子　26, 29
原子欠損型分子　26
元素周期表　2

光学活性配位子　196
光学活性マンガンサレン錯体触媒
　　163
光学収率　43
高次シアノアート錯体　73
合成ガス　199
コバルトカルボニル　197
互変異性　159

さ 行

酢酸ビニル　160
錯　体
　π——　41, 171, 180
　σ——　158, 160, 180
　π-アリル——　50
　π-アリルニッケル(Ⅱ)——　78
　アリールニッケル——　78
　アリールパラジウム——　81
　π-アリルパラジウム——　81
　アルキル遷移金属——　179
　アルキルニッケル——　79
　アルキルパラジウム——　82
　ヴァスカ——　17
　カルベン——　84
　金属カルビン——　21
　金属カルベン——　19
　高次シアノアート——　73
　シュロック型カルベン——　20,
　　41, 84, 112
　遷移金属——　27
　テッベ——　20, 41, 84, 111
　白金(Ⅱ)-アルケン——　83
　ビスシクロペンタジエニル——　14
　フィッシャー型カルベン——　20,
　　41, 84
　ポルフィリン金属——　164
酸・塩基反応　90
酸　化
　アリル位の——　165
　アルケンの——　156
　アルコール(類)の——　156, 194
　オッペナウアー——　167
酸化還元電位　172
酸化還元反応　155
酸化クロム　165
酸化的付加　17, 18, 31, 46, 131,
　　145, 169, 181, 187
β 酸素脱離　134
三中心型遷移状態　188
三中心二電子結合　26, 65, 170
サンドイッチ形化合物　9, 10
三方両錐型混成　28

ジアルキル亜鉛　61
vic-ジオール　195
gem-ジオール　166
[2,3]シグマトロピー転位　165
[3,3]シグマトロピー転位　111
シクロプロパン化反応　94
四酸化オスミウム　195
シス付加　63
1,3-ジチアン　92
シトクロム P450　164
ジヒドロ芳香族化合物　173
ジボラン　26
ジメタル種　112
四面体型混成　28
シモンズ-スミス反応　94, 130
シモンズ-スミス反応剤　59, 181
臭化アリルマグネシウム　185
臭素酸ナトリウム　195
18 電子則　29
シュレンク平衡　6, 55, 89
シュロック型カルベン錯体　20, 40,
　　84, 112
触　媒　183
　ウィルキンソン——　19, 168
　カミンスキー——　14
　均一系——　168
　光学活性マンガンサレン錯体——
　　163
　人工——　184
　遷移金属——　145
　チーグラー——　12, 37, 130, 182
　チーグラー-ナッタ——　13

不均一系―― 168
不斉―― 29, 96
　リンドラー―― 170, 173
　ルイス酸―― 106
触媒活性種　187
触媒的不斉合成　21
触媒的不斉ジヒドロキシ化　195
触媒反応　183, 190, 192
ジョーンズ反応剤　165
シリルエノールエーテル　70, 105
ジルコニウム化合物　129
ジルコノセンジクロリド　77
人工酵素　165
人工触媒　184
人工不斉合成　196
シン体　106
シン付加　34, 169, 191

水素化金属化合物　176
水素化反応　168
β 水素脱離　38, 47, 131, 158, 181
水素の引抜き　52
鈴木-宮浦反応　147

生体擬似反応　165
生体機能模倣　165
舎密　1
舎密開宗　1
石属　2
セレサン石灰　8
遷移金属錯体　27
遷移金属触媒　145

$\pi(d \rightarrow \pi^*)$ 相互作用　48
$\sigma(d \leftarrow \pi)$ 相互作用　48
挿入　131
　α,α――　34, 182
　α,β――　34, 182
挿入反応　33, 47, 169, 182

速度論的光学分割　163
薗頭反応　148

た 行

第三級ブチルヒドロペルオキシド
　　161, 195
対称型銅アート錯体　72
脱シリル化　106
α 脱離　37
β 脱離　37, 180
玉尾-熊田-コリュー反応　146
(Z)-タモキシフェン　124
炭素アニオン　135
炭素-炭素結合形成反応　21, 156

チーグラー触媒　12, 36, 130, 182
チーグラー-ナッタ触媒　13
チタノセンジクロリド　111
チタンエノラート　105
チタン化合物　129

ツァイゼ塩　4, 15, 48, 180
辻-トロスト反応　152
鼓形化合物　11

低重合（ブタジエンの）　200
テッベ錯体　20, 41, 84, 111
テトラエチル鉛　8
テトラメチルエチレンジアミン　51
デュワー-チャット-ダンカンソンモデル
　　4, 47
転位　172
　1,2――　100
電気陰性度　3, 37, 59, 87
典型金属化合物　27
電子移動機構　89
電子供与　4
電子不足型化合物　170

208　索引

銅アート錯体　107
動力学的支配による制御　71
トランスメタル化　36, 54, 59, 61, 64, 67, 72, 134, 182, 187, 188

な行

内部アルケン　160

二酸化セレン　165
二量化(ブタジエンの)　202

根岸反応　148
熱力学的な制御　71

ノッシェル亜鉛　60

は行

配位子　29
配位子交換　39, 41, 47, 169
配位不飽和　29
配位飽和　30
パーキンソン病　196
バーグマン環化反応　149
バーチ還元　173
8電子則　29
八面体型混成　28
白金(II)-アルケン錯体　83
バルビエール反応　7, 56, 114
α-ハロエステル　95
ハロゲン化アルキル　135
ハロゲン-金属交換　54, 57

引抜き(水素の)　52
非共役ジエン　174
卑金属　159
ビス(ベンゼン)クロム　10, 12, 19
ビスシクロペンタジエニル錯体　14

非対称銅アート錯体　73, 109
ヒドロアルミ化反応　66
ヒドロシリル化　68
ヒドロジルコニウム化　77
ヒドロスタニル化　68
ヒドロホウ素化反応　20, 38, 62, 170
ヒドロホルミル化　197
ヒドロホルミル化反応　19
ヒドロメタル化反応　35, 197
ビニルシクロプロパン-シクロペンテン転位　193
ビニルシラン　103
ビニル水銀(II)化合物　16
檜山反応　148
ピリジニウムクロロクロマート　167
ピリジニウムジクロマート　167
ピリジン誘導体　202

フィッシャー型カルベン錯体　20, 40, 84
フェニルクロム化合物　11
フェロセン　9, 10, 12
1,4付加　107
1,4付加体　99
1,4付加反応　117
不均一系触媒　168
不均化　166
不均化反応　76
不斉還元　196
不斉合成　43
不斉ジヒドロキシ化　164
不斉収率　95
不斉触媒　43, 96
不斉増幅反応　96
不斉配位子　96
不斉付加反応　95
不斉補助基　100
ブタジエンの低重合　200

索引

ブタジエンの二量化　202
フタル酸ジオクチル　198
t-ブチルメチルエーテル　8
フッ化テトラブチルアンモニウム　104
α,β-不飽和エステル　107
α,β-不飽和カルボニル化合物　177
α,β-不飽和ケトン　103, 106, 107

平衡定数　32
平面正方形型混成　28
1,5-ヘキサジエン　185
ヘキサメチルリン酸トリアミド　51
ヘキスト-ワッカー法　15, 156, 158
ベックマン転位　142
ヘテロキラル二量体　98
ヘテロ銅アート錯体　109
ヘミアセタール　177

ホウ素アート錯体　100
ホウ素エノラート　100
細見-桜井反応　104
ホモアリルアルコール　95, 104
ホモエノラート　112
ホモキラル二量体　98
ホモクプラート　72
ポリエチレンテレフタラート樹脂　161
ポルフィリン金属錯体　164

ま 行

マイケル付加反応　106
α-マーキュリオケトン　113
末端アルケン　160
マルコウニコフ則　172
マロン酸ジエチルのアニオン　191
右田-小杉-スティレ反応　146

溝呂木-ヘック反応　130
水俣病　8, 16

メタセシス反応　111
メタラサイクル　12
メタラシクロペンタジエン　200, 201
メタラシクロペンタン　129
メタラシクロペンテン　129
メタロシクロブタン　41
メチルアミノキサン　14
N-メチルモルホリン N-オキシド　195
メチルリチウム　51, 88
メーヤワイン-ポンドルフ還元　167

モンサント法　16, 199

や 行

有機亜鉛化合物　123
有機アルミニウム化合物　125
有機化合物の酸化段階　157
有機金属化学　1
有機金属化学国際会議　3
有機金属化学討論会　3
有機金属化合物　1, 25
有機ケイ素化合物　128
有機合成指向有機金属化学国際会議　3
有機水銀化合物　8
有機スズ化合物　128
有機チタン化合物　12, 75
有機銅アート錯体　185
有機銅化合物　121
有機パラジウム化合物　15, 130
有機ホウ素化合物　126
有機マグネシウム化合物　5, 7
有機リチウム化合物　117
有機ロジウム化合物　133

有効原子番号則　30

四員環遷移状態　171
四中心型遷移状態　188
四配位ホウ素　172

ら　行

ラジカル開始剤　68

リーケ亜鉛　60
リチウムエノラート　93
リチウムジイソプロピルアミド　53
律速段階　166
立体化学の反転（立体反転）　185, 192

立体化学の保持（立体保持）　185, 192
立体障害　90
立体特異的　34, 169, 189
立体反転　192
リンドラー触媒　170, 173

ルイス酸　63, 158
ルイス酸触媒　106
ルイス酸性　89

レフォルマトスキー反応　94
レフォルマトスキー反応剤　53, 62

六員環遷移状態　93, 98, 99, 100, 105, 106, 114

化学マスター講座
有機金属化学

平成21年11月30日　発　　行
令和 3 年 7 月 30 日　第 4 刷発行

著作者　植　村　　　榮
　　　　大　嶌　幸一郎
　　　　村　上　正　浩

発行者　池　田　和　博

発行所　丸善出版株式会社
〒101-0051 東京都千代田区神田神保町二丁目17番
編集：電話(03)3512-3262／FAX(03)3512-3272
営業：電話(03)3512-3256／FAX(03)3512-3270
https://www.maruzen-publishing.co.jp

© Sakae Uemura, Koichiro Oshima, Masahiro Murakami, 2009

組版／中央印刷株式会社
印刷・製本／大日本印刷株式会社

ISBN 978-4-621-08199-0 C 3343　　　　Printed in Japan

JCOPY 〈(一社)出版者著作権管理機構　委託出版物〉
本書の無断複写は著作権法上での例外を除き禁じられています．複写される場合は，そのつど事前に，(一社)出版者著作権管理機構（電話03-5244-5088, FAX 03-5244-5089, e-mail：info@jcopy.or.jp）の許諾を得てください．